贾铁钢　梁天宇　王爱阳 ——— 编著

模具设计
入门与实例

MUJU SHEJI
RUMEN YU SHILI

U0387880

化学工业出版社

·北京·

内 容 简 介

《模具设计入门与实例》从企业工作者的角度出发，用实例讲解，介绍了冲压模具和塑料模具设计的相关知识。书中从模具设计从哪开始着手，到怎样选择模具结构、模具零件结构设计，模具设计综合实例，一步一步讲解，由浅入深，特别适合模具设计者快速入门学习，帮助学习者从基础理论基础知识的理解到设计技巧的掌握。

本书可供从事模具相关工作的工程技术人员使用，也可作为行业培训用书，并可供高等学校和职业学校师生作为参考书。

图书在版编目（CIP）数据

模具设计入门与实例/贾铁钢，梁天宇，王爱阳编著. —北京：化学工业出版社，2021.1（2022.1重印）
ISBN 978-7-122-37927-6

Ⅰ.①模… Ⅱ.①贾… ②梁… ③王… Ⅲ.①模具-设计 Ⅳ.①TG76

中国版本图书馆 CIP 数据核字（2020）第 198916 号

责任编辑：韩庆利　　　　　　　　　　　文字编辑：宋　旋　陈小滔
责任校对：宋　玮　　　　　　　　　　　装帧设计：史利平

出版发行：化学工业出版社（北京市东城区青年湖南街 13 号　邮政编码 100011）
印　　装：北京建宏印刷有限公司
787mm×1092mm　1/16　印张 10½　字数 238 千字　2022 年 1 月北京第 1 版第 2 次印刷

购书咨询：010-64518888　　　　　　　售后服务：010-64518899
网　　址：http://www.cip.com.cn
凡购买本书，如有缺损质量问题，本社销售中心负责调换。

定　　价：45.00 元　　　　　　　　　　　　　　　　　版权所有　违者必究

前言

  《模具设计入门与实例》是以工作过程引导学习，按照一名模具设计者的思路，以自己的工作过程和经验，介绍一副模具是怎么设计的。书中从简单模具设计开始，一步一步引导读者进行设计，包括必要的计算和经验数据给定、模具的装配图和每个零件图的设计。

  编写内容由浅入深、先易后难。冲压模具实例从简单的垫圈冲裁模具开始学起，到复杂的冰箱U形板多工位级进模。塑料模具实例从简单的塑料水杯塑料模具开始学起，到复杂的汽车电器插头潜伏式浇口侧向分型模具。同一个冲裁件，设计了单工序模、复合模、级进模三个典型工序不同的冲压模具结构实例。同一个塑料件，设计了直接浇口、点浇口、侧浇口三个典型浇注形式的塑料模具结构实例。通过举一反三，使读者在学习一种模具结构的同时掌握其他结构形式，选出最佳设计方案；并理解同一个冲压或塑料产品可以通过设计不同的模具结构生产出来，破除模具设计难学的障碍。

  本书可供从事模具设计与制造的自学者、工程技术人员使用，也适合作为本科和中、高职各类院校模具及机械类各相关专业的课外辅助参考书。

  本书由大连职业技术学院资助出版，贾铁钢、梁天宇、王爱阳编著。

  全书共分为六章，第一章、第四章由大连职业技术学院梁天宇编写，第二章、第三章、第五章由大连职业技术学院王爱阳编写，第六章由大连职业技术学院贾铁钢编写。

  由于编者水平有限，书中难免有疏漏和不足之处，恳请广大读者批评指正。

编著者

目录

第3章　冰箱 U 形板单工序、多工位级进模具设计实例　　65

第4章　塑料模具设计入门　　91

第1章 冲压模具设计入门

对于想从事模具设计的人来讲，往往不知道从哪开始做起。实际上，就和数学题求解一样，已知的是产品图，求的是模具结构设计。模具加工的产品大多为冲压模具和塑料模具生产的，下面就以冲裁模具的设计为例，讲解冲压模具的设计过程、步骤。

1.1 冲裁模具的设计从哪开始

在冲裁模具设计中有个非常重要的零件与产品相同或相似，这个零件叫作凸模、凹模，所以要先设计出凸模、凹模。但仅仅有凸模、凹模不行，还需要有定位零件、卸料与出件零件、导向零件、支承与固定零件等等，才能确保模具保质保量地加工出所需的产品。所以模具的设计从凸模、凹模刃口尺寸的计算开始。

1.1.1 冲裁模具凸、凹模刃口尺寸的计算

(1) 冲裁件的质量

冲裁变形过程经过弹性变形阶段、塑性变形阶段、断裂分离阶段。最后冲裁件由凸模和凹模相互挤压，使落料件挤进凹模、冲孔件挤在凸模上，最后产生裂纹分离开，如图1-1所示。

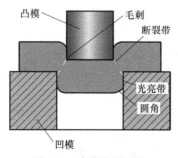

图 1-1　冲裁变形过程

冲裁件的质量包括冲裁件的断面状况［如图1-2（a）所示］、尺寸精度和形状误差的要求。尺寸精度和形状误差基本与机械加工零件一样，但其断面如图1-2（b）所示，不如机械加工零件那样有棱有角、表面可以做到光洁。而且冲裁件由于冲裁变形过程形成的断面明显呈现出四个特征区，即圆角、光亮带、断裂带和毛刺。

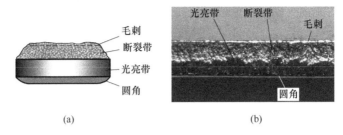

(a)　　　　　　　　　　　(b)

图 1-2　冲裁件的断面状况

(2) 影响冲裁件断面特征的因素

① 板料的性能对断面质量的影响　塑性好的板料，冲裁时由于裂纹出现得较迟，板料被剪切挤压的深度较大，因而光亮带所占比例大，断裂带较小，但圆角、毛刺也较大；而塑性差的板料，断裂倾向严重，裂纹出现得较早，使得光亮带所占比例小，断裂带较大，但圆角和毛刺都较小。

② 冲裁间隙对断面质量的影响

a. 当间隙合理时，如图 1-3（a）所示，凸模刃口处的裂纹相对凹模刃口处的裂纹重合，光亮带较大，断裂带较小，且圆角、毛刺也较小，断面质量理想，如图 1-3（b）所示。

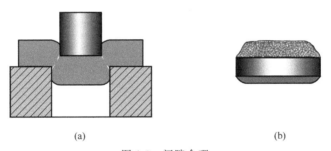

(a)　　　　　　　　　　　(b)

图 1-3　间隙合理

b. 当间隙过小时，如图 1-4（a）所示，凸模刃口处的裂纹相对凹模刃口处的裂纹向外错开，上、下裂纹不重合，板料在上、下裂纹相距最近的地方将发生第二次剪裂，上裂纹表面压入凹模时受到凹模壁的压挤产生第二光亮带或断续的小光亮块，断面质量不理想，如图 1-4（b）所示。而且第二光亮带隐藏裂纹，如图 1-4（c）所示，使用一段时间第二光亮带脱落后会与图 1-5（b）相似。

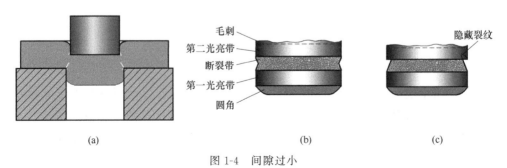

(a)　　　　　　　　　　　(b)　　　　　　　　　(c)

图 1-4　间隙过小

c. 当间隙过大时，如图 1-5（a）所示，凸模刃口处的裂纹相对凹模刃口处的裂纹向内错开，上、下裂纹不重合，塑性变形阶段较早结束，致使断面光亮带减小，断裂带增大，且圆角、毛刺也较大，断面质量不理想，如图 1-5（b）所示。

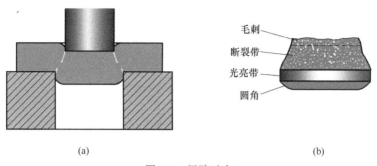

(a)　　　　　　　　　　　　　　　　　(b)

图 1-5　间隙过大

d. 间隙不均匀时，实际使用中，因安装调整等原因使得凸模与凹模间隙不均匀，冲裁件断面状况如图 1-6 所示，光亮带不均匀。

图 1-6　间隙不均匀

（3）冲裁模具凸模、凹模合理间隙的选择

冲裁间隙是影响冲裁件断面质量的主要因素，冲裁间隙还影响着模具寿命、冲裁力（包括卸料力、顶件力、推件力）、冲裁件的尺寸精度，因此冲裁间隙是冲裁模具设计中一个非常重要的工艺参数。

① 凸模与凹模之间的间隙　凸模与凹模间每侧的间隙称为单面间隙，用 $Z/2$ 表示；两侧间隙之和称为双面间隙，用 Z 表示。

冲裁间隙的数值等于凸、凹模刃口尺寸的差值，如图 1-7 所示，即

$$Z = D_d - d_p \tag{1-1}$$

式中　D_d——凹模刃口尺寸；

　　　d_p——凸模刃口尺寸。

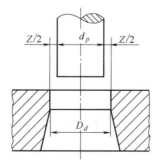

图 1-7　冲裁间隙

② 间隙对冲裁力的影响　如图 1-8 所示，间隙很小时，因板料的挤压和摩擦作用增强，冲裁力必然较大。

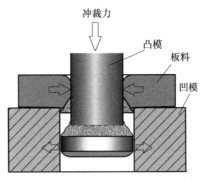

图 1-8　板料挤压和凹模侧向挤压

③ 间隙对模具寿命的影响　在冲裁过程中，板料对模具作用力主要集中在凸、凹模刃口部分。如果间隙小，垂直冲裁力和侧向挤压力将增大（见图 1-8），摩擦力也增大，所以小间隙将使凸、凹模刃口磨损加剧。小间隙因落料件堵塞在凹模洞口的胀力较大，容易产生凹模胀裂。小间隙还易产生小凸模折断等异常现象。

④ 冲裁间隙值的确定　冲裁间隙对冲裁件质量、冲压力、模具寿命等都有很大的影响，但由于影响的规律各有不同。因此，并不存在一个绝对合理的间隙值，能同时满足冲裁件断面质量最佳、尺寸精度最高、冲模寿命最长、冲压力最小等各方面的要求。在冲压实际生产中，为了获得合格的冲裁件、较小的冲压力和保证模具有一定的寿命，给间隙值规定一个范围，这个间隙值范围就称为合理间隙，这个范围的最小值称为最小合理间隙（Z_{min}），最大值称为最大合理间隙（Z_{max}）。考虑到冲模在使用过程中会逐渐磨损，间隙会增大，故在设计和制造新模具时，应采用最小合理间隙。

目前没有一个完全准确的间隙，既能保证冲裁件断面理想，又能使冲裁力小、模具寿命高来供设计者选择，因此合理间隙只能选择一个范围。

（4）确定合理间隙的方法

① 理论确定法　理论确定法的主要依据是保证凸、凹模刃口处产生的上、下裂纹相互重合，以便获得良好的断面质量。图 1-9 所示为冲裁过程中开始产生裂纹的瞬时状态，根据图中的几何关系，可得合理间隙 Z 的计算公式为：

$$Z = 2t(1 - h_0/t)\tan\beta \tag{1-2}$$

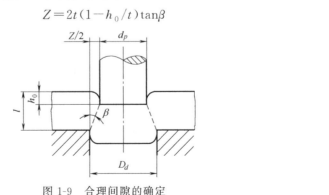

图 1-9　合理间隙的确定

式中　t——板料厚度；

　　　h_0——产生裂纹时凸模挤入材料的深度；

　　　h_0/t——产生裂纹时凸模挤入材料的相对深度；

　　　β——剪裂纹与垂线间的夹角。

由式（1-2）可以看出，合理间隙与板料厚度 t、相对挤入深度 h_0/t 及裂纹角 β 有关，而 h_0/t 与 β 又与板料性质有关，见表1-1。

表1-1　h_0/t 与 β 值

板　　料	h_0/t		β	
	退火	硬化	退火	硬化
软钢、紫铜、软黄铜	0.5	0.35	6°	5°
中硬钢、硬黄铜	0.3	0.2	5°	4°
硬钢、硬青铜	0.2	0.1	4°	4°

理论计算法在生产中使用不方便，主要用来分析间隙与上述几个因素之间的关系。因此，实际生产中广泛采用查表法来确定间隙值。

② 查表法　按材料的性能和厚度来选择冲裁间隙。尺寸精度和断面质量要求较高的冲裁件选择表1-2，要求不高的冲裁件选择表1-3。

表1-2　冲裁模初始双面间隙 Z（一）　　　　　　　　　　　mm

板料厚度 t/mm	软铝		纯铜、黄铜、软钢 $w_c=(0.08\sim0.2)\%$		杜拉铝、中等硬钢 $w_c=(0.3\sim0.4)\%$		硬钢 $w_c=(0.5\sim0.6)\%$	
	$Z_{\min}$	$Z_{\max}$	$Z_{\min}$	$Z_{\max}$	$Z_{\min}$	$Z_{\max}$	$Z_{\min}$	$Z_{\max}$
0.2	0.008	0.012	0.010	0.014	0.012	0.016	0.014	0.018
0.3	0.012	0.018	0.015	0.021	0.018	0.024	0.021	0.027
0.4	0.016	0.024	0.020	0.028	0.024	0.032	0.028	0.036
0.5	0.020	0.030	0.025	0.035	0.030	0.040	0.035	0.045
0.6	0.024	0.036	0.030	0.042	0.036	0.048	0.042	0.054
0.7	0.028	0.042	0.035	0.049	0.042	0.056	0.049	0.063
0.8	0.032	0.048	0.040	0.056	0.048	0.064	0.056	0.072
0.9	0.036	0.054	0.045	0.063	0.054	0.072	0.063	0.081
1.0	0.040	0.060	0.050	0.070	0.060	0.080	0.070	0.090
1.2	0.050	0.084	0.072	0.096	0.084	0.108	0.096	0.120
1.5	0.075	0.105	0.090	0.120	0.105	0.135	0.120	0.150
1.8	0.090	0.126	0.108	0.144	0.126	0.162	0.144	0.180
2.0	0.100	0.140	0.120	0.160	0.140	0.180	0.160	0.200
2.2	0.132	0.176	0.154	0.198	0.176	0.220	0.198	0.242
2.5	0.150	0.200	0.175	0.225	0.200	0.250	0.225	0.275
2.8	0.168	0.224	0.196	0.252	0.224	0.280	0.252	0.308
3.0	0.180	0.240	0.210	0.270	0.240	0.300	0.270	0.330
3.5	0.245	0.315	0.280	0.350	0.315	0.385	0.350	0.420
4.0	0.280	0.360	0.320	0.400	0.360	0.440	0.400	0.480
4.5	0.315	0.405	0.360	0.450	0.405	0.490	0.450	0.540
5.0	0.350	0.450	0.400	0.500	0.450	0.550	0.500	0.600
6.0	0.480	0.600	0.540	0.660	0.600	0.720	0.660	0.780
7.0	0.560	0.700	0.630	0.770	0.700	0.840	0.770	0.910

模
具
设
计
入
门
与
实
例

续表

板料厚度 t/mm	软铝		纯铜、黄铜、软钢 $w_c=(0.08\sim0.2)\%$		杜拉铝、中等硬钢 $w_c=(0.3\sim0.4)\%$		硬钢 $w_c=(0.5\sim0.6)\%$	
	Z_{min}	Z_{max}	Z_{min}	Z_{max}	Z_{min}	Z_{max}	Z_{min}	Z_{max}
8.0	0.720	0.880	0.800	0.960	0.880	1.040	0.960	1.120
9.0	0.870	0.990	0.900	1.080	0.990	1.170	1.080	1.260
10.0	0.900	1.100	1.000	1.200	1.100	1.300	1.200	1.400

注：本表适用于尺寸精度和断面质量要求较高的冲裁件。

表 1-3　冲裁模初始双面间隙 Z（二）　　　　　　　　　　　　mm

材料厚度 t/mm	08、10、35 Q235、Q295		Q245		40、50		65Mn	
	Z_{min}	Z_{max}	Z_{min}	Z_{max}	Z_{min}	Z_{max}	Z_{min}	Z_{max}
小于 0.5	极小间隙							
0.5	0.040	0.060	0.040	0.060	0.040	0.060	0.040	0.060
0.6	0.048	0.072	0.048	0.072	0.048	0.072	0.048	0.072
0.7	0.064	0.092	0.064	0.092	0.064	0.092	0.064	0.092
0.8	0.072	0.104	0.072	0.104	0.072	0.104	0.064	0.092
0.9	0.090	0.126	0.090	0.126	0.090	0.126	0.090	0.126
1.0	0.100	0.140	0.100	0.140	0.100	0.140	0.090	0.126
1.2	0.126	0.180	0.132	0.180	0.132	0.180		
1.5	0.132	0.240	0.170	0.240	0.170	0.240		
1.75	0.220	0.320	0.220	0.320	0.220	0.320		
2.0	0.246	0.360	0.260	0.380	0.260	0.380		
2.1	0.260	0.380	0.280	0.400	0.280	0.400		
2.5	0.360	0.500	0.380	0.540	0.380	0.540		
2.75	0.400	0.560	0.420	0.600	0.420	0.600		
3.0	0.460	0.640	0.480	0.660	0.480.	0.660		
3.5	0.540	0.740	0.580	0.780	0.580	0.780		
4.0	0.640	0.880	0.680	0.920	0.680	0.920		
4.5	0.720	1.000	0.680	0.960	0.780	1.040		
5.5	0.940	1.280	0.780	1.100	0.980	1.320		
6.0	1.080	1.440	0.840	1.200	1.140	1.500		
6.5			0.940	1.300				
8.0			1.200	1.680				

注：1. 冲裁皮革、石棉和纸板时，间隙取 08 钢的 25% 。

2. 本表适用于尺寸精度和断面质量要求不高的冲裁件。

确定合理间隙无论是理论确定法还是查表法，影响间隙值的主要因素是板料性质和厚度。厚度愈大、塑性愈差的板料，其合理间隙值就愈大；反之，厚度愈薄、塑性愈好的板料，其合理间隙值就愈小。

(5) 凸、凹模刃口尺寸计算的原则

在冲裁变形过程中，凸模将分离的板料推入凹模洞口，如图 1-10 所示，落料件和冲孔件的区别在于所需要的产品形状，落料件如图 1-10（a）的光面是因凹模刃口挤切材料产生的，而冲孔件如图 1-10（b）的光面是凸模刃口挤切材料产生的。在冲裁件尺寸的测量和使用中，都是以光面的尺寸为基准。

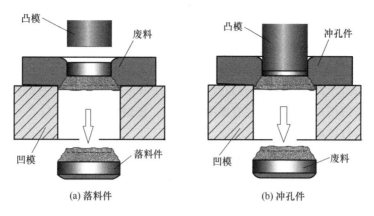

图 1-10　冲裁变形过程

所以，在计算刃口尺寸时，应按落料和冲孔两种情况分别考虑，其原则如下：

① 落料时　因落料件光面尺寸与凹模刃口尺寸相等或基本一致，应先确定凹模刃口尺寸，落料凸模的基本尺寸则是在凹模基本尺寸上减去最小合理间隙 。

② 冲孔时　因孔的光面尺寸与凸模刃口尺寸相等或基本一致，应先确定凸模刃口尺寸，冲孔凹模的基本尺寸则是在凸模基本尺寸上加上最小合理间隙。

③ 凸、凹模刃口的制造公差　应根据冲裁件的尺寸公差和凸、凹模加工方法确定，既要保证冲裁间隙要求和冲出合格零件，又要便于模具加工。

(6) 凸模、凹模刃口尺寸的计算

① 经验确定法　如图 1-11 所示圆垫，材料为 10 钢，厚度 $t=2\text{mm}$。对凸凹模刃口尺寸（见图 1-12）如何确定进行分析。

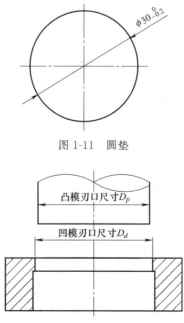

图 1-11　圆垫

图 1-12　凸凹模刃口尺寸

a. 圆垫属于落料件，应先确定凹模刃口尺寸 D_d，冲裁件合格尺寸范围 29.8～30mm。10 钢含碳量 $w_c=0.10\%$，属于软钢，查表 1-2 得，$Z_{\min}=0.12$mm，$Z_{\max}=0.16$mm。凸模与凹模刃口的制造公差之和 $=Z_{\max}-Z_{\min}=0.16-0.12=0.04$mm。凸模相对容易加工，凸模的制造公差为 0.016mm，凹模刃口的制造公差为 0.024mm。

b. 取冲裁件最大尺寸，则凹模刃口尺寸 D_d 为 30mm，刚开始冲裁时，得到的冲裁件也符合要求，但是凹模刃口与冲裁件有摩擦，冲裁一段时间，凹模刃口尺寸 D_d 由于磨损而变大，再生产的冲裁件就不合格了。

c. 取冲裁件最小尺寸，则凹模刃口尺寸 D_d 为 29.8mm，凹模刃口尺寸 D 磨损量有 0.2mm，可满足使用要求，但距公称尺寸 30mm，冲出的件显得有些小了。

d. 取冲裁件平均尺寸，则凹模刃口尺寸 D_d 为 29.9mm，凹模刃口尺寸 D_d 磨损量有 0.1mm，可满足使用要求，凹模刃口尺寸 D_d 的制造公差上偏差为 +0.024mm，下偏差为 0mm，如果凹模刃口尺寸 D_d 加工成上偏差为 29.924mm，生产的冲裁件也是合格的，磨损量也有 0.076mm。满足生产要求。

落料凸模刃口 $D_p=29.9-0.12=29.78$mm，制造公差上偏差为 0mm，下偏差为 -0.016mm。

由于图 1-11 所示圆形冲裁件比较简单，用以上经验分析可以确定凸凹模刃口尺寸，但如果冲裁件比较复杂，还要考虑凹模刃口尺寸冲裁过程的磨损、加工过程中的制造公差，凸凹模之间的合理间隙，以及冲裁件的制造公差，因此总结出了以下两种凸凹模刃口尺寸计算方法和计算公式。

② 凸模、凹模刃口尺寸的计算法

a. 凸、凹模分别加工时的计算方法。凸、凹模分别加工是指凸模与凹模分别按各自图样上标注的尺寸及公差进行加工，冲裁间隙由凸、凹模刃口尺寸及公差保证。这种方法要求凸模和凹模的刃口尺寸都要计算出来并标注公差。

设落料件外形尺寸为 $D_{-\Delta}^{\ 0}$，冲孔件内孔尺寸为 $d_{\ 0}^{+\Delta}$，根据刃口尺寸计算原则，可得如下。

落料。应先确定凹模刃口尺寸 D_d，落料凸模刃口尺寸 D_p 则是在凹模刃口尺寸 D_d 上减去最小合理间隙。

$$D_d=(D_{\max}-x\Delta)_{\ 0}^{+\delta_d} \tag{1-3}$$

$$D_p=(D_d-Z_{\min})_{-\delta_p}^{\ \ 0} \tag{1-4}$$

$$=(D_{\max}-x\Delta-Z_{\min})_{-\delta_p}^{\ \ 0}$$

冲孔。应先确定凸模刃口尺寸 d_p，冲孔凹模刃口尺寸 d_d 则是在凸模基本尺寸上加上最小合理间隙。

$$d_p=(d_{\min}+x\Delta)_{-\delta_p}^{\ \ 0} \tag{1-5}$$

$$d_d=(d_p+Z_{\min})_{\ 0}^{+\delta_d} \tag{1-6}$$

$$=(d_{\min}+x\Delta+Z_{\min})_{\ 0}^{+\delta_d}$$

式中　D_d，D_p——落料凹、凸模刃口尺寸，mm；

　　　d_p，d_d——冲孔凸、凹模刃口尺寸，mm；

$D_{\max}$——落料件的最大极限尺寸，mm；

$d_{\min}$——冲孔件孔的最小极限尺寸，mm；

Δ——冲裁件的制造公差（若冲裁件为自由尺寸，可按 IT12～IT14 级精度处理），mm；

$Z_{\min}$——最小合理间隙，mm；

δ_p，δ_d——凸、凹模制造公差 mm，按"入体"原则标注，即凸模为轴类按单向负偏差标注，凹模为孔类按单向正偏差标注；

x——磨损系数，x 值在 0.5～1 之间，它与冲裁件精度有关，可查表 1-4 或按下列关系选取：

冲裁件精度为 IT10 以上时，$x=1$；

冲裁件精度为 IT11～IT13 时，$x=0.75$；

冲裁件精度为 IT14 以下时，$x=0.5$。

表 1-4　磨损系数 x

板料厚度 t/mm	非圆形冲件			圆形冲件	
	1	0.75	0.5	0.75	0.5
	冲件公差 Δ/mm				
1≤	<0.16	0.17～0.35	≥0.36	<0.16	≥0.16
1～2	<0.20	0.21～0.41	≥0.42	<0.20	≥0.20
2～4	<0.24	0.25～0.49	≥0.50	<0.24	≥0.24
>4	<0.30	0.31～0.59	≥0.60	<0.30	≥0.30

根据上述计算公式，可以将冲裁件与凸、凹模刃口尺寸及公差的分布状态用图 1-13 表示。从图中还可以看出，无论是冲孔还是落料，为了保证间隙值，凸、凹模的制造公差相加之和必须满足下列条件：

$$\delta_p + \delta_d \leqslant Z_{\max} - Z_{\min} \tag{1-7}$$

可以取 $\delta_p = 0.4(Z_{\max} - Z_{\min})$，$\delta_d = 0.6(Z_{\max} - Z_{\min})$，也可以各分配 50%，即 $\delta_p = 0.5(Z_{\max} - Z_{\min})$，$\delta_d = 0.5(Z_{\max} - Z_{\min})$。

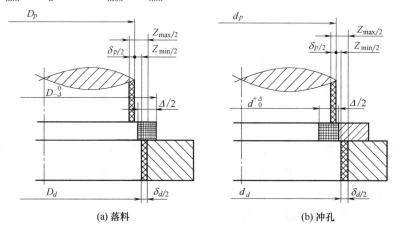

(a) 落料　　　　　　　　　　　　(b) 冲孔

图 1-13　落料、冲孔时各部分尺寸及公差的分布状态

当在同一工步冲出冲裁件上两个以上孔时，因凹模磨损后孔距尺寸不变，故凹模型孔的中心距可按（1-8）式确定：

$$L_d = (L_{min} + 0.5\Delta) \pm \Delta/8 \tag{1-8}$$

式中　L_d——凹模型孔中心距，mm；

　　　L_{min}——冲裁件孔心距的最小极限尺寸，mm；

　　　Δ——冲裁件孔心距公差，mm 。

当冲件上有位置公差要求的孔时，凹模上型孔的位置公差一般可取冲裁件位置公差的 $1/3 \sim 1/5$ 。

b. 凸、凹模配作加工时的计算方法。凸、凹模配作加工是指先按图样设计尺寸加工好凸模或凹模中的一件作为基准件（一般落料时以凹模为基准件，冲孔时以凸模为基准件），然后根据基准件的实际尺寸按间隙要求配作另一件。采用凸、凹模配作法加工时，只需计算基准件的刃口尺寸及公差，并详细标注在设计图样上。而另一非基准件不需计算，且设计图样上只标注基本尺寸（与基准件基本尺寸对应一致），不注公差，但要在技术要求中注明："凸（凹）模刃口尺寸按凹（凸）模实际刃口尺寸配作，保证双面间隙值为 $Z_{min} \sim Z_{max}$"。

根据冲裁件的结构形状不同，刃口尺寸的计算方法如下：

落料。落料时以凹模为基准，配作凸模。设落料件的形状与尺寸如图 1-14（a）所示，图 1-14（b）为落料凹模刃口的轮廓图，图中虚线表示凹模磨损后尺寸的变化情况。

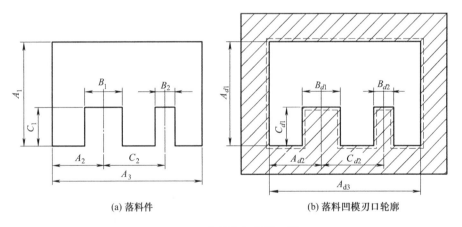

(a) 落料件　　　　　　　　　　　　　(b) 落料凹模刃口轮廓

图 1-14　落料件与落料凹模

从图 1-14（b）可看出，凹模磨损后刃口尺寸的变化有增大、减小和不变三种情况，故凹模刃口尺寸也应分三种情况进行计算：凹模磨损后变大的尺寸（如图中 A 类尺寸），按一般落料凹模尺寸公式计算；凹模磨损后变小的尺寸（如图中 B 类尺寸），因它在凹模上相当于冲孔凸模尺寸，故按一般冲孔凸模尺寸公式计算；凹模磨损后不变的尺寸（如图中 C 类尺寸），可按凹模型孔中心距尺寸公式计算。具体计算公式见表 1-5。

冲孔。冲孔时以凸模为基准，配作凹模。设冲件孔的形状与尺寸如图 1-15（a）所示，图 1-15（b）为冲孔凸模刃口的轮廓图，图中虚线表示凸模磨损后尺寸的变化情况。

表 1-5　以落料凹模为基准的刃口尺寸计算

工序性质	落料件尺寸[图 1-14(a)]	落料凹模尺寸[图 1-14(b)]	落料凸模尺寸
落料	A 类尺寸：$A_{-\Delta}^{\ 0}$	$A_d = (A_{max} - x\Delta)_{\ 0}^{+\Delta/4}$	按凹模实际刃口尺寸配作，保证间隙 $Z_{min} \sim Z_{max}$
	B 类尺寸：$B_{\ 0}^{+\Delta}$	$B_d = (B_{min} + x\Delta)_{-\Delta/4}^{\ 0}$	
	C 类尺寸：$C \pm \Delta/2$	$C_d = (C_{min} + 0.5\Delta) \pm \Delta/8$	

注：A_d、B_d、C_d——落料凹模刃口尺寸；A、B、C——落料件的基本尺寸；A_{max}、B_{min}、C_{min}——落料件的极限尺寸；Δ——落料件的公差；x——磨损系数。

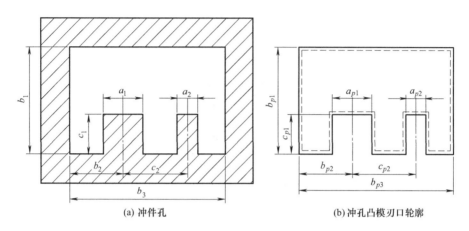

(a) 冲件孔　　　　　　(b) 冲孔凸模刃口轮廓

图 1-15　冲件孔与冲孔凸模

从图 1-15 (b) 中看出，冲孔凸模刃口尺寸的计算同样要考虑三种不同的磨损情况：凸模磨损后变大的尺寸（如图中 a 类尺寸），因它在凸模上相当于落料凹模尺寸，故按一般落料凹模尺寸公式计算；凸模磨损后变小的尺寸（如图中 b 类尺寸），按一般冲孔凸模尺寸公式计算；凸模磨损后不变的尺寸（如图中 c 类尺寸）仍按凹模型孔中心距尺寸公式计算。具体计算公式见表 1-6。

表 1-6　以冲孔凸模为基准的刃口尺寸计算

工序性质	冲件孔尺寸[图 1-15(a)]	冲孔凸模尺寸[图 1-15(b)]	冲孔凹模尺寸
冲孔	a 类尺寸：$a_{-\Delta}^{\ 0}$	$a_p = (a_{max} - x\Delta)_{\ 0}^{+\Delta/4}$	按凸模实际刃口尺寸配作，保证间隙 $Z_{min} \sim Z_{max}$
	b 类尺寸：$b_{\ 0}^{+\Delta}$	$b_p = (b_{min} + x\Delta)_{-\Delta/4}^{\ 0}$	
	c 类尺寸：$c \pm \Delta$	$c_p = (c_{min} + 0.5\Delta) \pm \Delta/8$	

注：a_d、b_d、c_d——冲裁孔凸模刃口尺寸；a、b、c——冲裁件孔的基本尺寸；a_{max}、b_{min}、c_{min}——冲裁件孔的极限尺寸；Δ——冲裁件孔的公差；x——磨损系数。

1.1.2　冲裁模具的设计基准的选择

(1) 模具凸模、凹模刃口尺寸计算方法的选用举例

例如：圆垫如图 1-11 所示，计算模具凸模、凹模刃口尺寸。

① 用分开加工法计算模具凸模、凹模刃口尺寸。

圆垫属于落料件，凹模磨损后变大的尺寸，则由式（1-3）得：

$$D_d = (D_{max} - x\Delta)^{+\delta_d}_{\ \ 0}$$

$$D_p = (D_d - Z_{min})^{\ \ 0}_{-\delta_p}$$

查表 1-3 得，$x = 0.5$。

由式（1-7）得，$\delta_p = 0.5(Z_{max} - Z_{min})$，$\delta_d = 0.5(Z_{max} - Z_{min})$。

将已知和查表的数据代入公式，即得

$$D_d = (30 - 0.5 \times 0.2)^{+0.02}_{\ \ \ 0} = 29.9^{+0.02}_{\ \ \ 0} \text{mm}$$

$$D_p = (29.9 - 0.12)^{\ \ \ 0}_{-0.02} = 29.78^{\ \ \ 0}_{-0.02} \text{mm}$$

与经验确定法的结果基本一致。

② 用配作加工法计算模具凸模、凹模刃口尺寸。

圆垫属于落料件，凹模磨损后变大的尺寸，则表 1-4 得：

$$A_d = (A_{max} - x\Delta)^{+\Delta/4}_{\ \ \ 0}$$

查表 1-3 得，$x = 0.75$。

将已知和查表的数据代入公式，即得

$$A_d = (30 - 0.5 \times 0.2)^{+0.2/4}_{\ \ \ \ 0} = 29.9^{+0.05}_{\ \ \ 0}$$

落料凸模刃口尺寸按凹模实际刃口尺寸配作，保证双面间隙值 0.12～0.16mm。

③ 凸凹模刃口尺寸计算方法比较分析。

a. 根据冲裁件的最大最小尺寸来确定凸凹模刃口尺寸和制造公差，可行而且简单，但是涉及到冲裁件的安装、配合部位的尺寸，需要和冲裁件的设计者协商确定。

b. 分别加工法计算中，本来冲裁件精度不高，其制造公差 Δ 在 0.2mm 以上，但却要求凸或凹模的制造公差在 0.02mm 以内，并且用凸、凹模的制造公差保证凸、凹模的冲裁间隙，即 $\delta_d + \delta_p \leqslant Z_{max} - Z_{min}$。如果凸模或凹模的制造公差稍大些，就会使凸、凹模的冲裁间隙或大于最大合理间隙 Z_{max} 或小于最小合理间隙 Z_{min}。优点是互换性好，便于成批制造，适用于圆形、矩形等简单形状的冲裁件。

c. 配作加工法中的凸模或凹模的制造公差为 0.05mm 比分别加工法的 0.02mm 放大了很多。配作加工是先加工一个件，通过测量已加工好件的尺寸再配另一个件，冲裁间隙由配作保证，工艺比较简单，制造相对容易。缺点是互换性不好，适用于冲裁薄板件（因其 $Z_{max} - Z_{min}$ 很小）和复杂形状件的冲模加工。

由于机床的加工精度越来越高，分别加工法要求凸、凹模的制造公差较小也不成问题，在实际生产中采用哪种方法还要看具体实际情况。

(2) 模具的设计基准的选择

如图 1-16 所示，冲裁模设计基准选择在凸模、凹模刃口尺寸确定后，以凸模、凹模刃口尺寸为设计基准。往上是凸模的安装和固定，以及凸模上卸料、上模与压力机滑块的安装等结构设计；往下是凹模的安装和固定、下模与压力机工作台的安装等结构设计；往左、往右是导柱和导套、固定螺栓、卸料螺栓、销钉的结构设计。

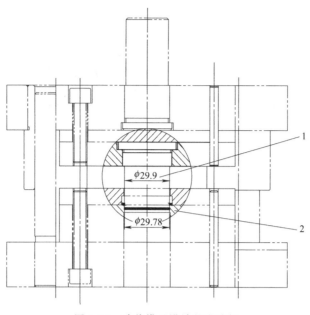

图 1-16　冲裁模具设计基准选择

1—凸模；2—凹模

1.2 怎样选择模具结构

1.2.1　排样设计

排样是指冲裁件在条料、带料或板料上的布置方法。排样设计是决定着模具结构的一个很重要的因素，也影响着材料利用率、冲裁件质量、生产效率、模具寿命等。因此在模具设计之前都要在图纸或 CAD 图上进行排样。

(1) 材料利用率

冲裁件的实际面积与所用板料面积的百分比称为材料利用率，它是衡量材料合理利用的一项重要经济指标。

一个进距内的材料利用率 η 为（见图 1-17）：

$$\eta = A/Bs \tag{1-9}$$

式中　A——一个进距内冲裁件的实际面积，mm^2；

　　　B——条料宽度，mm；

　　　s——进距（冲裁时条料在模具上每次送进的距离，其值为两个对应冲件间对应点的间距），mm。

(2) 搭边与条料宽度的确定

① 搭边　搭边是指排样时冲件之间以及冲件与条料边缘之间留下的工艺废料。搭边虽

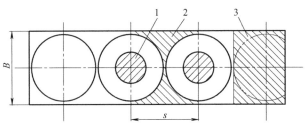

图 1-17　一个进距内的材料利用率计算

1—结构废料；2，3—工艺废料

然是废料，但在冲裁过程中作用很大：

a. 补偿定位误差和送料误差，保证冲裁出合格的零件。

b. 增加条料刚度，方便条料送进，提高生产效率。

c. 避免冲裁时条料边缘的毛刺被拉入模具间隙，提高模具寿命。

② 搭边值选择　搭边值过大时，材料利用率低；搭边值过小时，达不到在冲裁工艺中的作用。在实际确定搭边值时，主要考虑以下因素：

a. 材料的机械性能。软材料、脆材料的搭边值取大一些，硬材料的搭边值可取小一些。

b. 冲裁件的形状与尺寸。冲件的形状复杂或尺寸较大时，搭边值取大些。

c. 材料的厚度。厚材料的搭边值要取大一些。

d. 送料及挡料方式。用手工送料，且有侧压装置的搭边值可以小一些，用侧刃定距可比用挡料销定距的搭边值小一些。

e. 卸料方式。弹性卸料比刚性卸料的搭边值要小一些。

搭边值一般由经验确定，表 1-7 为搭边值的经验数据表之一，供设计时参考。

表 1-7　搭边 a 和 a_1 的数值　　　　　　　　　　　　　　mm

材料厚度	圆件及 $r > 2t$ 的工件				矩形工件边长 $L < 50mm$		矩形工件边长 $L > 50mm$ 或 $r < 2t$ 的工件	
	工件间 a_1	沿边 a			工件间 a_1	沿边 a	工件间 a_1	沿边 a
<0.25	1.8	2.0			2.2	2.5	2.8	3.0
0.25~0.5	1.2	1.5			1.8	2.0	2.2	2.5
0.5~0.8	1.0	1.2			1.5	1.8	1.8	2.0
0.8~1.2	0.8	1.0			1.2	1.5	1.5	1.8
1.2~1.6	1.0	1.2			1.5	1.8	1.8	2.0
1.6~2.0	1.2	1.5			1.8	2.0	2.0	2.2
2.0~2.5	1.5	1.8			2.0	2.2	2.2	2.5
2.5~3.0	1.8	2.2			2.2	2.5	2.5	2.8
3.0~3.5	2.2	2.5			2.5	2.8	2.8	3.2
3.5~4.0	2.5	2.8			2.5	3.2	3.2	3.5
4.0~5.0	3.0	3.5			3.5	4.0	4.0	4.5
5.0~12	0.6t	0.7t			0.7t	0.8t	0.8t	0.9t

③ 条料宽度与导料板间距　条料的宽度要保证冲裁时冲件周边有足够的搭边值，导料板间距应使条料能在冲裁时顺利地在导料板之间送进，并与条料之间有一定的间隙。因此条料宽度与导料板间距和冲模的送料定位方式有关，应根据不同结构分别进行计算。

a. 用导料板导向且有侧压装置时见图1-18（a）。在侧压装置作用下紧靠导料板的一侧送进的，计算公式：

条料宽度
$$B_{-\Delta}^{\ 0} = (D_{\max} + 2a)_{-\Delta}^{\ 0} \tag{1-10}$$

导料板间距离
$$B_0 = B + z = D_{\max} + 2a + z \tag{1-11}$$

式中　$D_{\max}$——条料宽度方向冲件的最大尺寸；

　　　a——侧搭边值，可参考表1-7；

　　　Δ——条料宽度的单向（负向）偏差，见表1-8；

　　　z——导料板与最宽条料之间的间隙，其值见表1-9。

此种情况也适应于用导料销导向的冲模，这时条料是由人工紧靠导料销一侧送进的。

b. 用导料板导向且无侧压装置时见图1-18（b）。无侧压装置时，应考虑在送料过程中因条料在导料板之间摆动而使侧面搭边值减小的情况，为了补偿侧面搭边的减小，条料宽度应增加一个条料可能的摆动量（其值为条料与导料板之间的间隙z），计算公式：

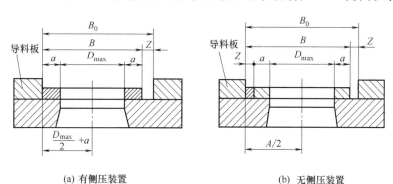

(a) 有侧压装置　　　　　　　　　(b) 无侧压装置

(c) 用侧刃定距

图1-18　条料宽度的确定

条料宽度
$$B_{-\Delta}^{\ 0} = (D_{\max} + 2a + z)_{-\Delta}^{\ 0} \tag{1-12}$$

导料板间距离
$$B_0 = B + z = D_{\max} + 2a + 2z \tag{1-13}$$

c. 用侧刃定距时见图1-18（c）。当条料用侧刃定距时，条料宽度必须增加侧刃切去的部分，计算公式：

条料宽度 $\qquad B_{-\Delta}^{\ 0}=(D_{\max}+2a+nb_1)_{-\Delta}^{\ 0}$ (1-14)

导料板间距离 $\qquad B'=B+z=D_{\max}+2a+nb_1+z$ (1-15)

$$B_1'=D_{\max}+2a+y$$ (1-16)

式中　$D_{\max}$——条料宽度方向冲件的最大尺寸；

$\qquad A$——侧搭边值；

$\qquad b_1$——侧刃冲切的料边宽度，见表 1-10；

$\qquad n$——侧刃数；

$\qquad z$——冲切前的条料与导料板间的间隙，见表 1-9；

$\qquad y$——冲切后的条料与导料板间的间隙，见表 1-10。

表 1-8　条料宽度偏差 Δ　　　　　　　　　　　　　mm

条料宽度 $B/$mm	材料厚度 $t/$mm				
	~0.5	0.5~1	1~2	2~3	3~5
≤20	0.05	0.08	0.10		
20~30	0.08	0.10	0.15		
30~50	0.10	0.15	0.20		
50		0.4	0.5	0.7	0.9
50~100		0.5	0.6	0.8	1.0
100~150		0.6	0.7	0.9	1.1
150~220		0.7	0.8	1.0	1.2
200~300		0.8	0.9	1.1	1.3

表 1-9　导料板与条料之间的最小间隙 $z_{\min}$　　　　　　　　mm

板料厚度 $t/$mm	无侧压装置			有侧压装置	
	条料宽度 $B/$mm			条料宽度 $B/$mm	
	≤100	100~200	200~300	≤100	>100
≤1	0.5	0.5	1	5	8
1~5	0.5	1	1	5	8

表 1-10　b_1、y 值　　　　　　　　　　　　　　mm

板料厚度 $t/$mm	b_1		y
	金属材料	非金属材料	
≤1.5	1~1.5	1.5~2	0.10
>1.5~2.5	2.0	3	0.15
>2.5~3	2.5	4	0.20

(3) 排样图

排样图是排样设计最终的表达形式，通常应绘制在冲压工艺规程的相应卡片上和冲裁模总装图的右上角。排样图的内容应反映出排样方法、冲裁件的冲裁方式、用侧刃定距时侧刃的形状与位置、材料利用率等。

绘制排样图时应注意以下几点：

① 排样图上应标注条料宽度 $B_{-\Delta}^{\ 0}$、条料长度 L、板料厚度 t、端距 l、进距 s、冲件间搭边 a_1 和侧搭边 a 值、侧刃定距时侧刃的位置及截面尺寸等，如图 1-19 所示。

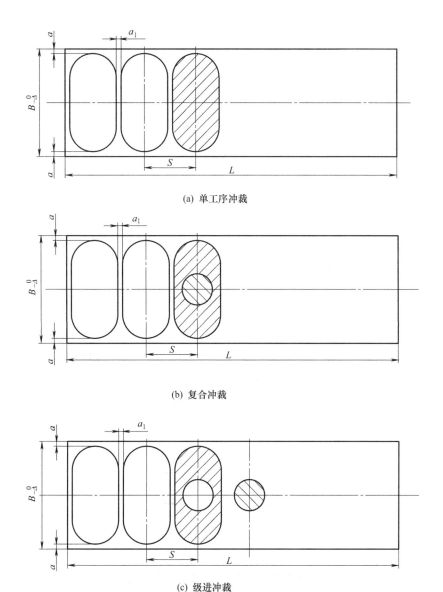

(a) 单工序冲裁

(b) 复合冲裁

(c) 级进冲裁

图 1-19　排样图画法

② 用剖切线表示出冲裁工位上的工序件形状（也即凸模或凹模的截面形状），以便能从排样图上看出是单工序冲裁见图 1-19（a）还是复合冲裁见图 1-19（b）或级进冲裁见图 1- 19（c）。

③ 采用斜排时，应注明倾斜角度的大小。必要时，还可用双点画线画出送料时定位元件的位置。对有纤维方向要求的排样图，应用箭头表示条料的纹向。

1.2.2　压力中心的计算

(1) 冲压力的计算

在冲裁过程中，冲压力是指冲裁力、卸料力、推件力和顶件力的总称。冲压力是选择压力机、设计冲裁模和校核模具强度的重要依据。

① 冲裁力　冲裁力是冲裁时凸模冲穿板料所需的压力。影响冲裁力的主要因素是材料的力学性能、厚度、冲裁件轮廓周长及冲裁间隙、刃口锋利程度与表面粗糙度等。综合考虑上述影响因素，平刃口模具的冲裁力可按下式计算：

$$F = KLt\tau_b \qquad\qquad (1\text{-}17)$$

式中　F——冲裁力，N；

　　　L——冲裁件周边长度，mm；

　　　T——材料厚度，mm；

　　　τ_b——材料抗剪强度，MPa；

　　　K——考虑模具间隙的不均匀、刃口的磨损、材料力学性能与厚度的波动等因素引入的修正系数，一般取 $K = 1.3$。

对于同一种材料，其抗拉强度与抗剪强度的关系为 $\sigma_b \approx 1.3\tau_b$，因此冲裁力也可按式（1-18）计算：

$$F = Lt\sigma_b \qquad\qquad (1\text{-}18)$$

② 卸料力、推件力与顶件力的计算　当冲裁结束时，从板料上冲裁下的冲件或废料会堵塞在凹模孔口内，而冲裁剩下的板料则会紧箍在凸模上，冲件或废料取出的力很大，无法依靠人工完成，需要依靠模具将箍在凸模上和堵在凹模内的冲件或废料卸下或推出。卸料力、推件力与顶件力如图 1-20 所示。

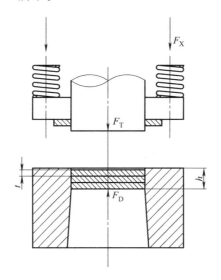

图 1-20　卸料力、推件力与顶件力

a. 从凸模上卸下箍着的冲件或废料所需要的力称为卸料力，用 F_X 表示；

b. 将堵在凹模内的冲件或废料顺着冲裁方向推出所需要的力称为推件力，用 F_T 表示；

c. 逆着冲裁方向将冲件或废料从凹模内顶出所需要的力称为顶件力，用 F_D 表示。

影响卸料力、推件力与顶件力的因素较多，主要有材料的力学性能与厚度、冲件形状与尺寸、冲模间隙与凹模孔口结构、排样的搭边大小及润滑情况等。在实际计算时，常用下列经验公式：

$$F_X = K_X F \tag{1-19}$$

$$F_T = n K_T F \tag{1-20}$$

$$F_D = K_D F \tag{1-21}$$

式中　K_X、K_T、K_D——分别为卸料力系数、推件力系数和顶件力系数，其值见表 1-11；

　　　　F——冲裁力，N；

　　　　n——同时堵在凹模孔内的冲件（或废料）数，$n = h/t$（h 为凹模孔口的直刃壁高度，t 为材料厚度，当 n 有小数时，小数部分按 1 个冲件或废料数计算）。

表 1-11　卸料力、推件力及顶件力的系数

冲件材料		K_X	K_T	K_D
纯铜、黄铜		0.02～0.06	0.03～0.09	0.03～0.09
铝、铝合金		0.025～0.08	0.03～0.07	0.03～0.07
钢 （料厚 t/mm）	≤0.1	0.065～0.075	0.1	0.14
	>0.1～0.5	0.045～0.055	0.063	0.08
	>0.5～2.5	0.04～0.05	0.055	0.06
	>2.5～6.5	0.03～0.04	0.045	0.05
	>6.5	0.02～0.03	0.025	0.03

③ 压力机标称压力的确定　对于冲裁工序，压力机的标称压力应大于或等于冲裁时总冲压力的 1.1～1.3 倍，即

$$P \geqslant (1.1 \sim 1.3) F_\Sigma \tag{1-22}$$

式中　P——压力机的标称压力；

　　　　F_Σ——冲裁时的总冲压力。

冲裁时，总冲压力为冲裁力和与冲裁力同时发生的卸料力、推件力或顶件力之和。模具结构不同，总冲压力所包含的力的成分有所不同，具体可分以下情况计算：

采用弹性卸料装置和下出料方式的冲模时

$$F_\Sigma = F + F_X + F_T \tag{1-23}$$

采用弹性卸料装置和上出料方式的冲模时

$$F_\Sigma = F + F_X + F_D \tag{1-24}$$

采用刚性卸料装置和下出料方式的冲模时

$$F_\Sigma = F + F_T \tag{1-25}$$

(2) 压力中心的计算

为了保证冲压模具正常平稳地工作，一般要求冲裁模的压力中心与压力机滑块中心重合，否则冲裁过程中，压力机滑块和冲模将会承受偏心载荷，使滑块导轨和冲模导向部分产生不正常磨损，合理间隙得不到保证，刃口迅速变钝，从而降低冲件质量和模具寿命甚至损坏模具。

对于简单冲裁件采用单工序模具和复合模，一般容易保证冲裁模的压力中心与压力机滑块中心重合，不必计算压力中心。但对于复杂形状件和级进模具，在设计模具结构时，应计算出冲裁时的压力中心，并使压力中心与压力机滑块中心重轴心线重合。复杂形状件和多凸模冲裁时的压力中心计算坐标见图 1-21 和图 1-22。

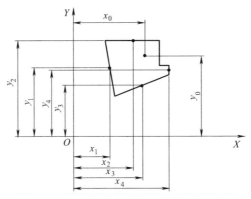

图 1-21　复杂形状件的压力中心计算坐标

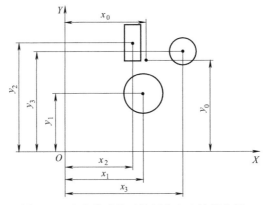

图 1-22　多凸模冲裁时的压力中心计算坐标

设图形轮廓各线段（包括直线段和圆弧段）的冲裁力为 F_1，F_2，F_3，…，F_n，各线段压力中心至坐标轴的距离分别为 x_1，x_2，x_3，…，x_n 和 y_1，y_2，y_3，…，y_n，则压力中心坐标计算公式为：

$$x_0 = \frac{F_1 x_1 + F_2 x_2 + F_3 x_3 + \cdots + F_n x_n}{F_1 + F_2 + F_3 + \cdots + F_n} = \frac{\sum\limits_{i=1}^{n} F_i x_i}{\sum\limits_{i=1}^{n} F_i} \tag{1-26}$$

$$y_0 = \frac{F_1 y_1 + F_2 y_2 + F_3 y_3 + \cdots + F_n y_n}{F_1 + F_2 + F_3 + \cdots + F_n} = \frac{\sum\limits_{i=1}^{n} F_i y_i}{\sum\limits_{i=1}^{n} F_i} \tag{1-27}$$

由于线段的冲裁力与线段的长度成正比，所以可以用各线段的长度 L_1，L_2，L_3，…，L_n 代替各线段的冲裁力 F_1，F_2，F_3，…，F_n，这时压力中心坐标的计算公式为：

$$x_0 = \frac{L_1 x_1 + L_2 x_2 + L_3 x_3 + \cdots + L_n x_n}{L_1 + L_2 + L_3 + \cdots + L_n} = \frac{\sum\limits_{i=1}^{n} L_i x_i}{\sum\limits_{i=1}^{n} L_i} \tag{1-28}$$

$$y_0 = \frac{L_1 y_1 + L_2 y_2 + L_3 y_3 + \cdots\cdots + L_n y_n}{L_1 + L_2 + L_3 + \cdots\cdots + L_n} = \frac{\sum\limits_{i=1}^{n} L_i y_i}{\sum\limits_{i=1}^{n} L_i} \quad (1\text{-}29)$$

式中　　F——单一图形轮廓冲压力；

　　　　L——单一图形轮廓周长；

　　　x_n——单一图形的压力中心到 X 坐标轴的距离；

　　　y_n——单一图形的压力中心到 Y 坐标轴的距离。

1.2.3　冲裁模的典型结构

(1) 单工序模

单工序冲裁模又称简单冲裁模，是指在压力机的一次行程内只完成一种冲裁工序的模具，主要包括落料模、冲孔模、切断模、切口模等。

① 刚性卸料板落料模　刚性卸料板落料模卸料原理是当凸模 1 进入凹模 4，将板料 3 切断，如图 1-23（a）所示。由于板料 3 紧紧包裹在凸模 1 上，当凸模 1 抬起，板料 3 会跟随凸模 1 往上走，当板料 3 碰到刚性卸料板 2 时被卸下，如图 1-23（b）所示。

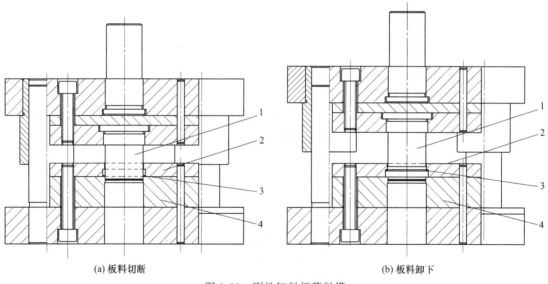

(a) 板料切断　　　　　　　　　　　　　　(b) 板料卸下

图 1-23　刚性卸料板落料模

1—凸模；2—刚性卸料板；3—板料；4—凹模

② 弹性卸料板落料模　弹性卸料板落料模如图 1-24（a）所示。该落料模采用了由卸料板 15、卸料弹簧 14 及卸料螺钉 10 构成的弹性卸料装置。卸料原理如图 1-24（b）所示，上模抬起，卸料螺钉 10 在卸料弹簧 14 作用下，移动 5mm，卸料板 15 将凸模上的废料卸下。该卸料装置冲件的变形小，且尺寸精度和平面度较高。这种结构广泛用于冲裁材料厚度较小，且有平面度要求的金属件和易于分层的非金属件。

(2) 复合模

复合模是指在压力机的一次行程中，在模具的同一个工位上，同时完成两道或两道以上

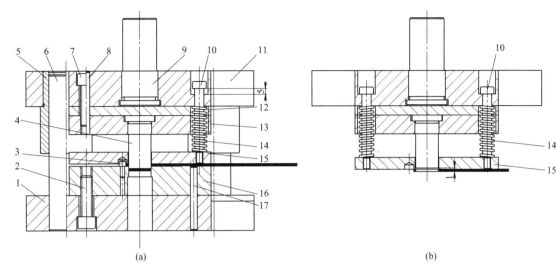

图 1-24　弹性卸料板落料模

1—下模座；2,7—螺钉；3—挡料销；4—落料凸模；5—导套；6—导柱；8,17—销钉；9—模柄；

10—卸料螺钉；11—上模座；12—垫板；13—凸模固定板；14—卸料弹簧；15—卸料板；16—落料凹模

不同冲裁工序的冲模。复合模在结构上的主要特征是有一个或者几个具有双重作用的工作零件——凸凹模，凸凹模往往是外形为凸模、内孔为凹模，冲裁时外面落料、里面冲孔同时进行，也可与弯曲、拉深工序组合，如外面拉深、里面冲孔等等。

图 1-25 所示为落料冲孔复合模工作部分的结构原理图，其中凸凹模 5 兼起落料凸模和冲孔凹模的作用，它与落料凹模 3 配合完成落料工序，与冲孔凸模 1 配合完成冲孔工序。在压力机的一次行程内，在冲模的同一工位上，凸凹模既完成了落料又完成了冲孔的双重任务。冲裁结束后，冲件卡在落料凹模内腔由推件块 2 推出，条料箍在凸凹模上由卸料板 4 卸下，冲孔废料卡在凸凹模内由冲孔凸模逐次推下。

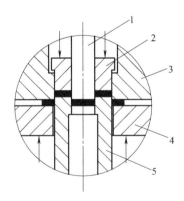

图 1-25　复合模结构原理

1—冲孔凸模；2—推件块；3—落料凹模；4—卸料板；5—凸凹模

根据凸凹模在模具中的装配位置不同，凸凹模装在上模的称为正装式复合模，凸凹模装下模的称为倒装式复合模。

（3）级进模

级进模（又称连续模）是指在压力机的一次行程中，依次在同一模具的不同工位上同时完成多道工序的冲裁模。在级进模上，根据冲件的实际需要，将各工序沿送料方向按一定顺序安排在模具的各工位上，通过级进冲压便可获得所需冲件。

图 1-26 所示为椭圆形中间带圆孔冲裁件，采用冲孔落料级进模。图 1-26（a）所示采用简单挡料销和导料销对条料进行定位，其工作原理是沿条料送进方向的两个工位上安排了冲孔凸模 16 和落料凸模 4，冲孔和落料凹模型孔均开设在凹模 18 上。条料沿导料销 17 从右往左送进时，第一步条料用挡料销 3 定位，由冲孔凸模 16 和落料凸模 4 在第一工位和第二工位同时冲出圆形和椭圆形孔，第二步用椭圆形孔在挡料销 3 定位，同时导正销 20 导正，在第二工位冲出一个完整的冲件。这样连续冲压，在压力机的一次行程中可在冲模两个工位上分别进行冲孔和落料两种不同的冲压工序，且每次冲压均可得到一个冲件。

采用挡料销和料销对条料定位的缺点是需要在第一工位和第二工位同时冲出圆形和椭圆形孔，从而使第二工位的冲裁件为废料。因此可采用图 1-26（b）所示挡料销和导料板，再加上始用挡料销对条料进行定位，其工作原理是先用手压住始用挡料销，使始用挡料销伸出

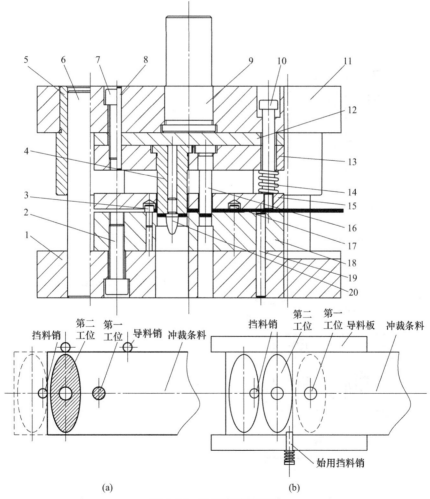

(a)　　　　　　　　　　(b)

图 1-26　级进模结构原理

1—下模座；2,7—螺钉；3—挡料销；4—落料凸模；5—导套；6—导柱；8,19—销钉；9—模柄；
10—卸料螺钉；11—上模座；12—垫板；13—凸模固定板；14—卸料弹簧；
15—卸料板；16—冲孔凸模；17—导料销；18—凹模；20—导正销

导料板挡住条料，冲出第一工位圆形，然后松开手后在弹簧作用下始用挡料销缩进导料板内不起挡料作用，条料继续往前由挡料销3定位，在第二工位冲出椭圆形孔，保证第一个冲裁件为合格件，减少浪费，提高材料的利用率。

级进模不但可以完成冲裁工序，还可完成弯曲、拉深、胀形、翻边、挤压成形等，甚至可完成攻螺纹等工序。一般第一工位（冲定位工艺孔）和最后工位（零件分离）为冲裁工序，中间为其他冲压工序，是一种多工序高效率冲模。

由于级进模在冲压时，冲件是依次在几个不同工位上逐步成形的，很重要的一点是不同工位容易产生误差问题，因此要保证冲件的尺寸及内外形相对位置精度，模具结构上必须解决条料或带料的准确送进与定距问题。根据级进模定位零件的特征，级进模有以下三种典型结构：

① 用挡料销和导正销、始用挡料销定位的级进模 图 1-27 所示，用固定挡料销 23

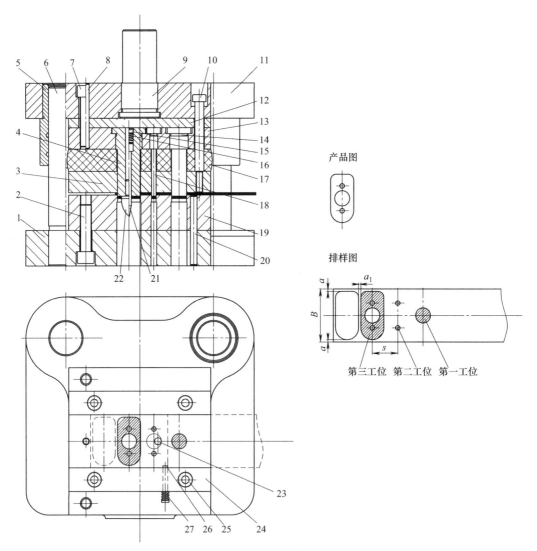

图 1-27 用挡料销和导正销、始用挡料销定位的级进模

1—下模座；2,7,25—螺钉；3—卸料板；4—落料凸模；5—导套；6—导柱；8,20—销钉；9—模柄；10—卸料螺钉；
11—上模座；12—垫板；13—凸模固定板；14—冲孔凸模Ⅰ；15—丝堵；16—弹簧；17—卸料橡胶；18—冲孔凸模Ⅱ；
19—凹模；21—活动导正销；22—导正销；23—固定挡料销；24—导料板；26—始用挡料销；27—始用挡料销弹簧

和导正销 22、始用挡料销 26 定位的冲孔落料级进模，上、下模通过导套 5、导柱 6 导向，落料凸模 4、冲孔凸模 I 14、冲孔凸模 II 18 之间的中心距等于送料距离 s（称为进距或步距）。

为了保证首件冲裁时的正确定距，采用了始用挡料销 26。工作时，先用手按住始用挡料销对条料进行初始定位，在第一工位冲孔凸模 I 14 在条料上冲出大孔（便于使用挡料销定位），然后松开始用挡料销，将条料在第一工位冲出大孔送至固定挡料销 23 进行定位，第二工位冲孔凸模 II 18 在条料上冲出两个小孔（同时第一工位冲出大孔）。进入到第三工位，上模下行时两个活动导正销 21 和导正销 22 先行导入条料上已冲出的中间大孔和两个小孔进行精确定位，接而进行落料（同时第一工位冲出大孔、第二工位冲出两个小孔）。以后各次冲裁时都由固定挡料销 23 控制进距作粗定位，然后由两个活动导正销 21 和导正销 22 进行精确定位，每次行程即可冲下一个冲件并冲出三个内孔。

② 侧刃定距的级进模　图 1-28 所示为单侧刃定距的冲孔落料级进模。侧刃实际上就是一个凸模，在压力机每次冲压行程中，第一工位沿条料边缘切下一块长度等于步距 22mm 的边料，通过的距离即等于步距 22mm，实现"切一刀走一步"的侧刃定距。第二工位冲孔，第三工位落料。与图 1-25 所示模具结构比较，侧刃定距优点是定位准确，同步性好。缺点材料利用率相对降低。

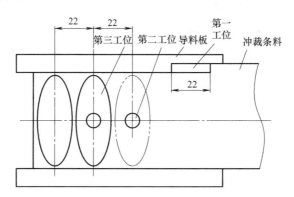

图 1-28　侧刃定距的冲孔落料级进模

采用侧刃定距，一般适用于板料厚度较薄（一般为 $t<0.3$mm）或材料较软的板料冲裁，如果采用导正销定位时，如图 1-29 所示，导正销有可能将导正工艺孔的边缘压豁，使条料失去导正精度。

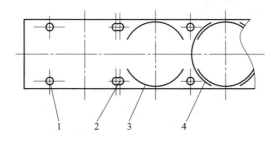

图 1-29　导正工艺孔的边缘压豁

1—第一工位冲导正工艺孔；2—导正销导正；3—横向切口；4—竖向切口

③ 用导正销和送料器的级进模 图 1-27 所示冲裁件还可以用导正销和送料器的级进模结构，如图 1-30 所示。所不同的是排样设计，第一工位先冲出两个小孔，第二工位用这两个小孔导正冲出大孔。用自动送料器 25 将条料送进模具，送料器 25 每次送料等于送料距离 s，在第一工位冲孔凸模 I 15 在条料上冲出两个小孔，在第二工位用两个活动导正销 23 插入两个小孔，导正后冲孔凸模 II 19 在条料上冲出大孔（同时第一工位冲孔冲出两个小孔），进入到第三工位时，导正销 24 先行导入条料上已冲出的中间大孔进行精确定位并落料（同时第一工位冲出两个小孔、第二工位冲出大孔）。以后各次冲裁时每次行程即可冲下一个冲件并冲出三个内孔，而且废料由切断凸模 5 切断，可实现连续高速冲压。

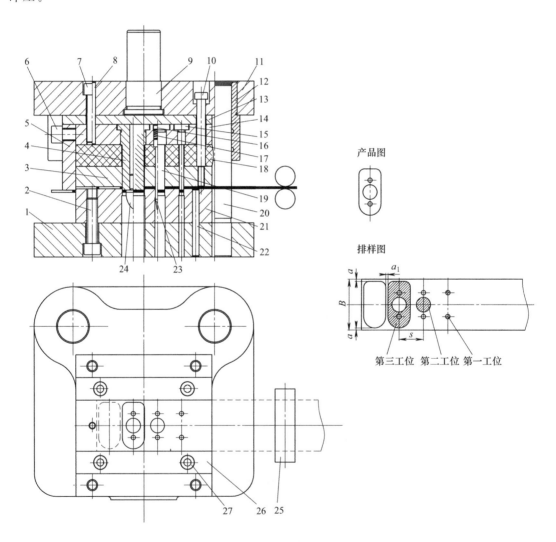

图 1-30 用导正销和送料器的级进模结构

1—下模座；2,6,7,27—螺钉；3—卸料板；4—落料凸模；5—切断凸模；8,22—销钉；9—模柄；

10—卸料螺钉；11—上模座；12—导套；13—垫板；14—凸模固定板；15—冲孔凸模 I；16—丝堵；

17—弹簧；18—卸料橡胶；19—冲孔凸模 II；20—导柱；21—凹模；

23—活动导正销；24—导正销；25—送料器；26—导料板

1.3 怎样选择模具零件结构设计

1.3.1 工作零件设计

(1) 凸模

凸模的基本结构均由是安装部分、工作部分组成，对于细小凸模增加过渡部分增加强度，如图 1-31 所示。

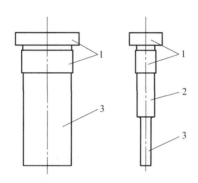

图 1-31 凸模的基本结构

1—安装部分；2—过渡部分；3—工作部分

① 圆形凸模 刃口为圆形凸模的结构及固定如图 1-32 所示。

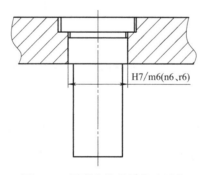

图 1-32 圆形凸模的结构及固定

② 非圆形凸模 如图 1-33 所示，刃口为非圆形凸模，为防止转动，增设防止转动螺栓、圆柱销钉、平键等。

③ 冲小孔凸模 冲小孔是指孔径 d 小于被冲板料的厚度或直径 $d<1mm$ 的圆孔和面积 $A<1mm^2$ 的孔。由于冲小孔的凸模强度和刚度差，容易弯曲和折断，所以必须采取措施提高凸模的强度和刚度，如图 1-34 所示，利用卸料板做导向或增加导向护套，为了保证卸料板具有导向作用，可采用刚性卸料板。采用弹性卸料板时需要单独增设导向装置。

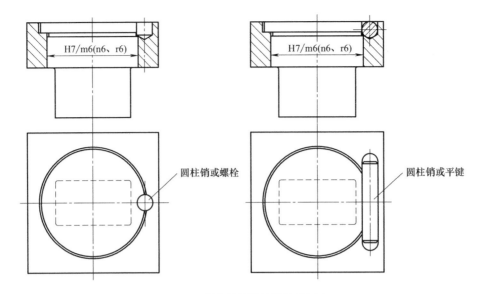

图 1-33 非圆形凸模的结构及固定

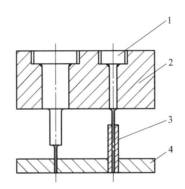

图 1-34 冲小孔凸模及其导向结构

1—冲小孔凸模；2—凸模固定板；3—导向护套；4—卸料板

(2) 凹模

① 凹模的外形结构与固定方法　如图 1-35 所示，刃口为圆形可采用图 1-35 （a）、（b）、（c）固定结构，刃口为非圆形可采用图 1-35 （c）、（d）防止转动固定结构。图 1-35 （d）的 *A* 向视图如图 1-36 所示，采用螺栓、圆柱销、平键防止凹模转动。

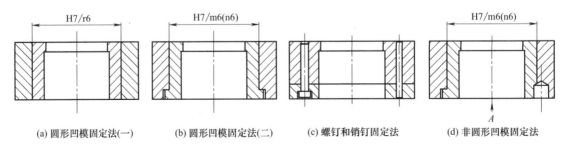

(a) 圆形凹模固定法(一)　　(b) 圆形凹模固定法(二)　　(c) 螺钉和销钉固定法　　(d) 非圆形凹模固定法

图 1-35 凹模形式及其固定

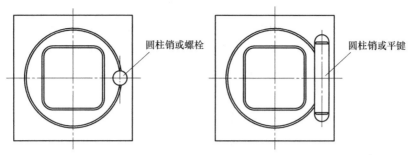

图 1-36 防止凹模转动

　② 凹模刃口的结构形式　冲裁凹模刃口形式有直筒形和锥形两种。表 1-12 列出了冲裁凹模刃口的形式，可供设计选用时参考。

表 1-12　冲裁凹模的刃口形式

序号	刃口形式简图	特点及适用范围
1		(1)刃口为直通式,强度高,修磨后刃口尺寸不改变 (2)用于冲裁大型和精度要求较高的冲压件 (3)宜采用顶出装置上出料,不适于下出料结构
2		(1)刃口为直通式,强度高,修磨后刃口尺寸不改变 (2)用于冲裁大型和精度要求较高的冲压件 (3)适于下出料结构,凹模内容易堆积冲裁件或废料
3		(1)刃口为直通式,强度高,修磨后刃口尺寸不改变 (2)用于冲裁大型和精度要求较高的冲压件 (3)适于下出料结构,凹模内容易堆积冲裁件或废料
4		(1)刃口强度差,修磨后刃口尺寸会增大 (2)用于材质较软、较薄冲裁件下出料 (3)凹模内不容易堆积冲裁件或废料

主要参数	材料厚度 t/mm	α/(°)	β/(°)	刃口高度 h/mm
	<0.5			≥4
	0.5~1.0	15	2	≥5
	1.0~2.5			≥6
	2.5~6.0	30	3	≥8
	>6.0			≥10

③ 凹模轮廓尺寸的确定 凹模轮廓尺寸包括凹模板的平面尺寸 $L \times B$（长×宽）及厚度尺寸 H。从凹模刃口至凹模外边缘的最短距离称为凹模的壁厚 c。对于简单对称形状刃口的凹模，由于压力中心即为刃口对称中心，所以凹模的平面尺寸即可沿刃口型孔向四周扩大一个凹模壁厚来确定，如图 1-37（a）所示，即

$$L = l + 2c \qquad B = b + 2c \qquad (1\text{-}30)$$

式中 l——沿凹模长度方向刃口型孔的最大距离，mm；

　　　b——沿凹模宽度方向刃口型孔的最大距离，mm；

　　　c——凹模壁厚，mm，主要考虑布置螺孔与销孔的需要，同时也要保证凹模的强度和刚度，计算时可参考表 1-13 选取。

对于多型孔凹模，如图 1-37（b）所示，设压力中心 O 沿矩形 $l \times b$ 的宽度方向对称，而沿长度方向不对称，则为了使压力中心与凹模板中心重合，凹模平面尺寸应按式（1-31）计算：

$$L = l' + 2c \qquad B = b + 2c \qquad (1\text{-}31)$$

式中 l'——沿凹模长度方向压力中心至最远刃口间距的 2 倍，mm。

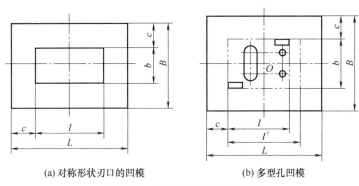

(a) 对称形状刃口的凹模　　　　(b) 多型孔凹模

图 1-37　凹模轮廓尺寸的计算

凹模板的厚度主要是从螺钉旋入深度和凹模刚度的需要考虑的，一般应不小于 8mm。随着凹模板平面尺寸的增大，其厚度也应相应增大。

表 1-13　凹模壁厚 c　　　　　　　　　　　　　　　　　　　　mm

条料宽度/mm	冲件材料厚度 t/mm			
	≤0.8	>0.8～1.5	>1.5～3	>3～5
≤40	20～25	22～28	24～32	28～36
>40～50	22～28	24～32	28～36	30～40
>50～70	28～36	30～40	32～42	35～45
>70～90	32～42	35～45	38～48	40～52
>90～120	35～45	40～52	42～54	45～58
>120～150	40～50	42～54	45～58	48～62

注：1. 冲件料薄时取表中较小值，反之取较大值；

　　2. 型孔为圆弧时取小值，为直边时取中值，为尖角时取大值。

整体式凹模板的厚度可按式（1-32）估算：

$$H = K_1 K_2 \sqrt[3]{0.1F} \qquad (1\text{-}32)$$

式中 F——冲裁力，N；

　　　K_1——凹模材料修正系数，合金工具钢取 $K_1 = 1$，碳素工具钢取 $K_1 = 1.3$；

K_2——凹模刃口周边长度修正系数，可参考表 1-14 选取。

表 1-14 凹模刃口周边长度修正系数 K_2

刃口长度/mm	<50	50~75	75~150	150~300	300~500	>500
修正系数 K_2	1	1.12	1.25	1.37	1.5	1.6

以上算得的凹模轮廓尺寸 $L \times B \times H$，当设计标准模具或虽然设计非标准模具，但凹模板毛坯需要外购时，应将计算尺寸 $L \times B \times H$ 按冲模国家标准中凹模板的系列尺寸进行修正，取接近的较大规格的尺寸。

1.3.2 定位零件设计

(1) 挡料销

挡料销的作用是来挡住条料搭边或冲件轮廓以限定条料送进的距离。根据挡料销的工作特点及作用分为固定挡料销、活动挡料销和始用挡料销。

① 固定挡料销 如图 1-38（a）所示，可根据搭边的大小选择固定挡料销，如果距离凹模刃口距离 e 过近，可加工成图 1-38（b）所示结构。

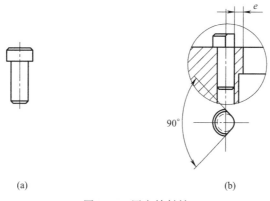

(a)　　　　　(b)

图 1-38 固定挡料销

② 活动挡料销 如图 1-39 所示。

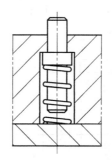

图 1-39 活动挡料销

③ 始用挡料销 如图 1-40 所示，始用挡料销在条料开始送进时，用手压住始用挡料销，使始用挡料销伸出导料板挡住条料起定位作用。然后松开手，在弹簧作用下始用挡料销

缩进导料板内不起挡料作用，始用挡料销一般用于条料以导料板导向的级进模（见图1-26），采用始用挡料销的目的是为了提高材料的利用率。

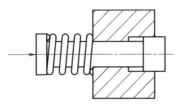

图 1-40　始用挡料销

（2）导料销、导料板

导料销与挡料销结构一样，作用是保证条料沿正确的方向送进。导料销一般设两个，并位于条料的同一侧。导料板的作用与导料销相同，其结构有两种，如图1-41所示。

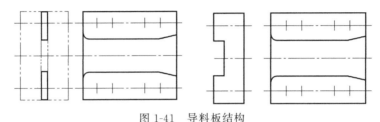

图 1-41　导料板结构

（3）导正销

使用导正销一般是前一个工位在板料上冲一个定位工艺孔（或产品上的孔），接着下一个工位就是利用导正销导正（见图1-42），保证冲件在不同工位上冲出的内形与外形之间的相对位置公差要求。

导正销结构形式如图1-42所示，一般分为锐角如图1-43（a）、R形如图1-43（b）和锥形如图1-43（c）。

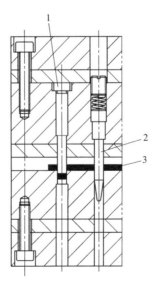

图 1-42　导正销导正

1—凸模；2—导正销；3—板料

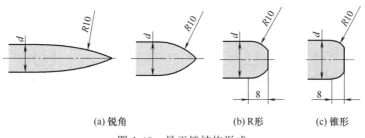

(a) 锐角　　　　　　　(b) R形　　　(c) 锥形

图 1-43　导正销结构形式

导正销的头部由圆锥形的导入部分和圆柱形的导正部分组成，故导正部分的直径可按式 (1-33) 计算：

$$d = d_p - a \tag{1-33}$$

式中　d——导正销导正部分直径，mm；

　　　d_p——导正孔的冲孔凸模直径，mm；

　　　a——导正销直径与冲孔凸模直径的差值，mm，可参考表 1-15 选取。

导正部分的直径公差可按 h6～h9 选取。导正部分的高度一般取 $h = (0.5 \sim 1)t$，或按表 1-16 选取。

表 1-15　导正销与冲孔凸模间的差值 a　　　　　　　　　　mm

冲件料厚 t/mm	冲孔凸模直径 d_p/mm						
	2～6	>6～10	>10～16	>16～24	>24～32	>32～42	>42～60
<1.5	0.04	0.06	0.06	0.08	0.09	0.10	0.12
1.5～3	0.05	0.07	0.08	0.10	0.12	0.14	0.16
3～5	0.06	0.08	0.10	0.12	0.16	0.18	0.20

表 1-16　导正销导正部分高度 h　　　　　　　　　　mm

冲件料厚 t/mm	导正孔直径 d/mm		
	1.5～10	>10～25	>25～50
<1.5	1	1.2	1.5
1.5～3	0.6t	0.8t	t
3～5	0.5t	0.6t	0.8t

由于导正销常与挡料销配合使用，挡料销只起粗定位作用，所以挡料销的位置应能保证导正销在导正过程中条料有被前推或后拉少许的可能。挡料销与导正销的位置关系如图 1-44 所示。

按图 1-44（a）方式定位时，挡料销与导正销的中心距为：

$$s_1 = s - D_p/2 + D/2 + 0.1 \tag{1-34}$$

按图 1-44（b）方式定位时，挡料销与导正销的中心距为：

$$s_1' = s + D_p/2 - D/2 - 0.1 \tag{1-35}$$

式中　s_1、s_1'——挡料销与导正销的中心距，mm；

　　　s——送料进距，mm；

　　　D_p——落料凸模直径，mm；

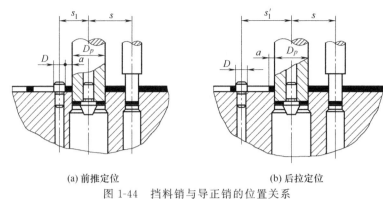

(a) 前推定位　　　　　　　　(b) 后拉定位

图 1-44　挡料销与导正销的位置关系

D——挡料销头部直径，mm。

（4）侧压装置

如图 1-45 所示。在一副模具中，侧压装置的数量和设置位置视实际需要而定。但对于板料厚度较薄（一般为 $t<0.3$mm）或材料较软的板料，容易造成条料挤压变形，宜采用辊轴自动送料装置。

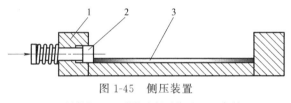

图 1-45　侧压装置

1—导料板；2—弹簧式侧压装置；3—条料

（5）导向顶料销

两侧顶起顶料销如图 1-46 所示，当卸料板随着上模抬起，弹簧带动导向顶料销将条料或带料的边缘顶起，向前送进。导向顶料销具有顶料和导向作用。

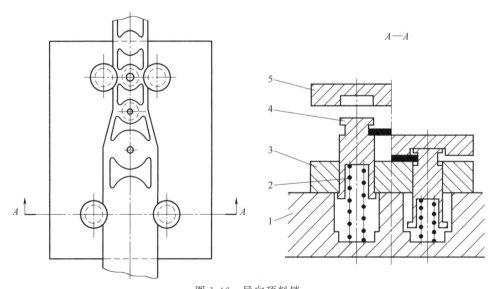

图 1-46　导向顶料销

1—卸料板；2—导向顶料销；3—凹模板；4—弹簧；5—下模座

导向顶料销尺寸设计如图 1-47 所示，其中：

$$h_1 = 0.5d \tag{1-36}$$
$$H_1 = h_1 + 0.5 \tag{1-37}$$
$$H_2 = t + 1.5 \tag{1-38}$$

式中　h_1——导向顶料销头部高度，mm；

d——导向顶料销直径，mm；

H_1——卸料板沉孔深度，mm；

H_2——导向顶料销槽宽，mm；

t——条料或带料厚度，mm。

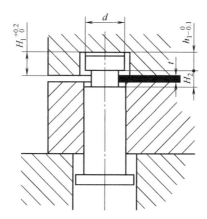

图 1-47　导向顶料销结构形式

中间顶起顶料销如图 1-48 所示，用于条料或带料中间的弹起。

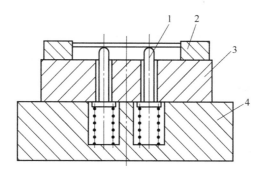

图 1-48　中间顶起顶料销

1—顶料销；2—导料板；3—凹模固定板；4—下模座

1.3.3　卸料与出件装置设计

卸料与出件装置的作用是当冲模完成一次冲压之后，把冲件或废料从模具工作零件上卸下来，以便冲压工作继续进行。通常，把冲件或废料从凸模上卸下称为卸料，把冲件或废料从凹模中卸下称为出件。常用的弹性卸料装置的结构形式如图 1-49 所示。

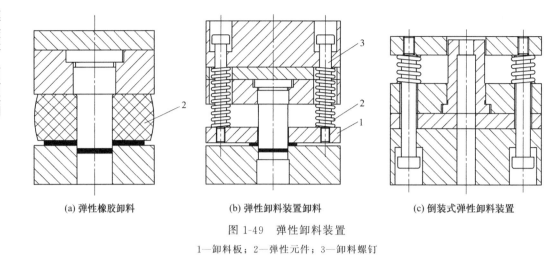

(a) 弹性橡胶卸料　　　　　(b) 弹性卸料装置卸料　　　　　(c) 倒装式弹性卸料装置

图 1-49　弹性卸料装置

1—卸料板；2—弹性元件；3—卸料螺钉

弹性卸料板的平面外形尺寸等于或稍大于凹模板尺寸，厚度取凹模厚度的 0.6～0.8 倍。在级进模中，特别小的冲孔凸模与卸料板的双边间隙可取 0.3～0.5 mm。当卸料板对凸模起导向作用时，卸料板与凸模间按 H7/h6 配合。此外，为便于可靠卸料，在模具开启状态时，卸料板工作平面应高出凸模刃口端面 0.3～0.5mm。

卸料螺钉一般采用标准的阶梯形螺钉，其数量按卸料板形状与大小确定，卸料板为圆形时常用 3～4 个，为矩形时一般用 4～6 个。卸料螺钉的直径根据模具大小可选 8～12mm，各卸料螺钉的长度应一致，以保证装配后卸料板水平和均匀卸料。

弹性卸料装置可装于上模或下模，依靠弹簧或橡皮的弹力来卸料，卸料力不太大，但冲压时可兼起压料作用，故多用于冲裁料薄及平面度要求较高的冲件。弹簧或橡胶选择如下：

(1) 弹簧

模具卸料常用的弹簧为圆柱螺旋压缩弹簧，弹簧丝截面有圆形和矩形，矩形截面圆柱螺旋压缩弹簧与圆形截面螺旋压缩弹簧相比，其特性曲线更接近于直线，即弹簧的刚度更接近固定的常数，方向和定位性好。弹簧的选用包括如下内容：

① 选择弹簧压力：

$$F_{预} \geqslant \frac{F_{卸}}{n} \tag{1-39}$$

式中　$F_{预}$——弹簧的预压力，N；

　　　$F_{卸}$——卸料力，N；

　　　n——弹簧根数。

② 选择弹簧压缩量：

$$h_{总} \geqslant h_{预} + h_{工作} + h_{修磨} \tag{1-40}$$

式中　$h_{总}$——弹簧总的压缩量，mm；

　　　$h_{预}$——弹簧的预压缩量，mm；

　　　$h_{工作}$——卸料板的工作行程，mm，对于冲裁模取板料厚度+2mm；

　　　$h_{修磨}$——模具的修磨量或调整量，mm，一般取 4～6mm。

（2）橡胶

橡胶作为卸料装置中的弹性元件，具有简单、经济等特点，被大量使用在冲压模具中。橡胶允许承受的负荷比弹簧大，且安装方便。

橡胶产生的压力 F 由式（1-41）得出：

$$F = A \times p \tag{1-41}$$

式中　A——橡胶的承受面积，mm^2；

　　　p——与橡胶压缩量有关的单位压力，MPa，可查表 1-17。

表 1-17　橡胶压缩量与单位压力关系

压缩量 S	10%	15%	20%	25%	30%	35%
单位压力 p/MPa	0.26	0.5	0.74	1.06	1.52	2.10

为了保证橡胶的正常使用，不至于过早失去弹性，最大压缩量 $h_总$ 不能超过其自由高度 $h_{自由}$ 的 35%～45%，预压缩量 $h_预$ 一般为橡胶自由高度 $h_{自由}$ 的 10%～15%。最大压缩量 $h_总$ 为橡胶的工作行程 $h_{工作}$ 与预压缩量 $h_预$ 之和，则橡胶的工作行程 $h_{工作}$ 为：

$$h_{工作} = h_总 - h_预 = (25\% \sim 30\%)h_{自由} \tag{1-42}$$

式中　$h_总$——橡胶的最大压缩量，mm；

　　　$h_预$——橡胶的预压缩量，mm；

　　　$h_{工作}$——卸料板的工作行程，mm，对于冲裁模取板料厚度＋1mm（凸模进入凹模）＋1mm（上模抬起凸模在卸料板内）。

考虑到模具的修磨量或调整量（$h_{修磨}=4\sim6mm$），所以橡胶的自由高度 $h_{自由}$ 为：

$$h_{自由} = \frac{h_{工作}}{(0.25-0.30)} + h_{修磨} = (3.5\sim4.0)h_{工作} + h_{修磨} \tag{1-43}$$

为了橡胶具有一定的弹性和稳定性，圆形橡胶的高度 h 与直径 D 之比须满足式（1-44）：

$$0.5 \leqslant h/D \leqslant 1.5 \tag{1-44}$$

如果超过 1.5，应将橡胶分段，每段之间垫上钢垫圈，并使每段的 h/D 值仍在上述范围内。

非标准形状橡胶的大小凭经验根据模具卸料的空间合理布置，周围留有足够的空间，允许橡胶压缩时断面尺寸的胀大。往往在模具装配和试模后，增减橡胶数量、改进橡胶形状。

选用橡胶时的步骤：

① 根据工作行程 $h_{工作}$ 计算橡胶的自由高度 $h_{自由}$；

② 根据自由高度 $h_{自由}$ 计算橡胶预压缩后的装配高度 $h_{装配}$：

$$h_{装配} = h_{自由} - h_预 \tag{1-45}$$

③ 根据模具卸料的空间确定橡胶的断面面积。

（3）出件装置

出件装置的作用是从凹模内卸下冲件或废料。为了便于学习，把装在上模内的出件装置称为推件装置，装在下模内的称为顶件装置。

① 推件装置　推件装置有刚性推件装置和弹性推件装置两种。图 1-50 所示为刚性推件装置。

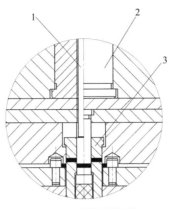

图 1-50 刚性推件装置
1—打杆；2—模柄；3—推件块

图 1-51 所示为弹性推件装置。

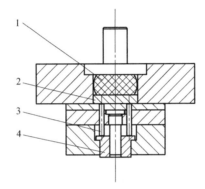

图 1-51 弹性推件装置
1—弹性元件；2—推板；3—连接推杆；4—推件块

② 顶件装置 顶件装置一般是弹性的，其基本零件是顶件块、顶杆和弹顶器，如图 1-52 所示。弹顶器可做成通用的，其弹性元件可以是弹簧或橡胶。

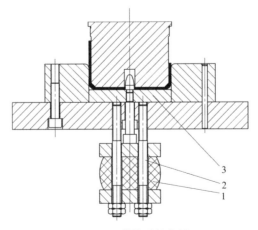

图 1-52 弹性顶件装置
1—顶件块；2—顶杆；3—橡胶

1.3.4 模架及其零件设计

(1) 模架

模架是上、下模座与导向零件的组合体，如图 1-53 所示，有对角导柱模架、后侧导柱模架、中间导柱模架、四导柱模架等，可根据模具结构进行选择，也可以自行设计。

图 1-53 标准模架

(2) 导向零件

① 滑动式导柱导套结构（见图 1-54） 加工、装配方便，应用最广泛，但导向精度不如滚动式。导柱、导套材料可选用 T8、T10、Cr12、Cr12MoV 等材料，或采用 20 钢表面渗碳，热处理硬度 55～60HRC。

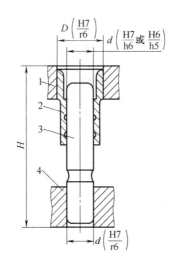

图 1-54 导柱导套与模架配合关系

1—上模座；2—导套；3—导柱；4—下模座

② 滚动式导柱导套结构

a. 滚珠式（见图 1-55）。通过滚珠与导套实现有微量过盈的无间隙配合（一般过盈量为 0.01～0.02mm），导向精度高，使用寿命长，但结构较复杂，制造成本高，主要用于精密冲裁模、硬质合金冲裁模、高速冲模及薄材料的冲裁模具。滚动导柱、导套材料可选用

GCr15 钢，热处理硬度 56～62HRC。

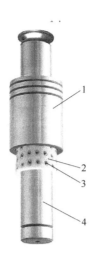

图 1-55　滚珠式导柱导套结构

1—导套；2—保持架；3—滚珠；4—导柱

b. 滚针式（见图 1-56）。用于极薄金属与树脂材料的高精度冲裁模具，如引线框架、印刷电路板、软板等冲裁模具。

图 1-56　滚针式导柱导套结构

1—导柱；2—保持架；3—滚针轴承；4—导套

1.3.5　支承与固定零件设计

(1) 模柄

如图 1-57（a）所示，模柄安装在上模座上，其作用是把上模固定在压力机滑块上，同时使模具中心通过滑块的压力中心。一般在小型模具上都是通过模柄与压力机滑块相连接的。为了适应不同压力机上滑块模柄孔尺寸的需要，设计模柄套如图 1-57（b）所示。

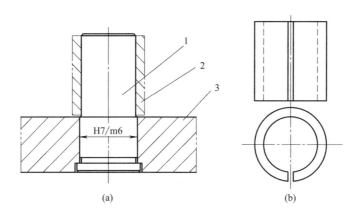

图 1-57　模柄的安装形式
1—模柄；2—模柄套；3—上模座

对于大中型冲压模具的固定，如图 1-58 所示。由于模具重量大，采用模柄形式难以承受模具上模的重量，需要采用螺栓直接固定或加垫块、压板将模具的上下模分别固定在压力机滑块和工作台（或垫板上）。

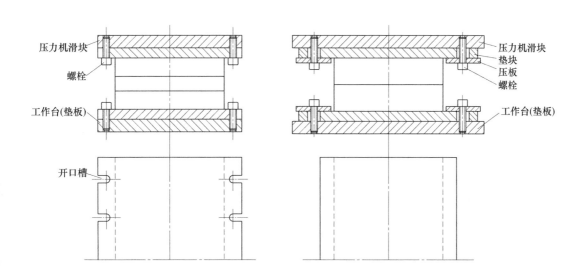

图 1-58　大型冲压模具的固定

（2）凸模（凹模）固定板与垫板

如图 1-59 所示，凸模（凹模）固定板与垫板外形尺寸一致，厚度可取凹模厚度的 60%～80%。固定板与凸模或凹模为 H7/n6 或 H7/m6 配合。

垫板的作用是承受并扩散凸模或凹模传递的压力，以防止模座被挤压损伤。垫板材料一般为 45 钢，热处理硬度 40～45HRC，厚度可取 3～20mm。

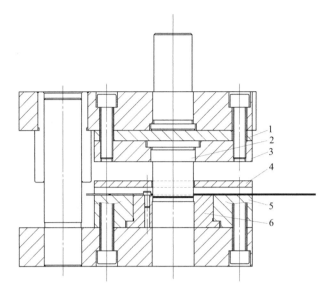

图 1-59　凸模（凹模）固定板与垫板

1—垫板；2—凸模；3—凸模固定板；

4—刚性（固定）卸料板；5—凹模固定板；6—凹模

第2章 垫圈单工序、复合、级进模具设计实例

2.1 垫圈产品图

垫圈如图 2-1 所示，材料为 12 钢，厚度 $t=2\mathrm{mm}$，年产量为 10 万件。

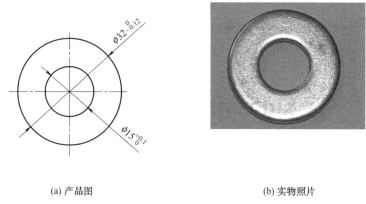

(a) 产品图   (b) 实物照片

图 2-1 垫圈

对垫圈产品进行分析，该产品为典型内冲孔外落料件，加工过程可以选择单工序模具结构设计，既设计成一副冲孔模具和一副落料模具。也可将冲裁、落料集一副模具之中，设计成复合模、多工位级进模具结构，本章作为学习训练，引导讲解三种模具的设计过程。

2.2 垫圈冲裁模具凸、凹模刃口尺寸的计算

2.2.1 凸模、凹模合理间隙的选择

垫圈产品图如图 2-1 所示，材料为 12 钢，料厚 $t=2\mathrm{mm}$，用分别加工法计算凸、凹模刃口尺寸及公差。

解： 由图可知，该零件属无特殊要求的内冲孔、外落料件，$\phi15^{+0.10}_{0}$ 由冲孔获得，制造公差 $\Delta=0.10\mathrm{mm}$，$\phi32^{0}_{-0.12}$ 由落料获得，制造公差 $\Delta=0.12\mathrm{mm}$。12 钢含碳量 $w_c=$

0.12%，属于软钢，查表 1-2 得，$Z_{min} = 0.12$，$Z_{max} = 0.16$，则 $Z_{max} - Z_{min} = 0.16 - 0.12 = 0.04mm$。

2.2.2 凸模、凹模刃口尺寸计算

① 冲孔（$\phi 15^{+0.10}_{0}$），由式（1-5）得：

$$d_p = (d_{min} + x\Delta)^{0}_{-\delta_p}$$
$$d_d = (d_p + Z_{min})^{+\delta_d}_{0}$$

查表 1-3 得，$x = 0.75$。

由式（1-7）得，$\delta_p = 0.5(Z_{max} - Z_{min})$，$\delta_d = 0.5(Z_{max} - Z_{min})$。

将已知和查表的数据代入公式，即得：

$$d_p = (15 + 0.75 \times 0.15)^{0}_{-0.02} \approx 15.11^{0}_{-0.02} mm$$
$$d_d = (15.11 + 0.12)^{+0.02}_{0} = 15.23^{+0.02}_{0} mm$$

② 落料（$\phi 32^{0}_{-0.12}$），由式（1-3）得：

$$D_d = (D_{max} - x\Delta)^{+\delta_d}_{0}$$
$$D_p = (D_d - Z_{min})^{0}_{-\delta_p}$$

查表 1-3 得，$x = 0.75$。

由式（1-7）得，$\delta_p = 0.5(Z_{max} - Z_{min})$，$\delta_d = 0.5(Z_{max} - Z_{min})$。

将已知和查表的数据代入公式，即得：

$$D_d = (32 - 0.75 \times 0.12)^{+0.02}_{0} = 31.91^{+0.02}_{0} mm$$
$$D_p = (31.91 - 0.12)^{0}_{-0.02} = 31.79^{0}_{-0.02} mm$$

2.3 排样设计

垫圈厚度 $t = 2mm$，查表 1-7 搭边值，工件间 $a_1 = 1.2mm$，沿边 $a = 1.5mm$，对垫圈的排样方法进行分析，有以下几种形式。

2.3.1 排样组合

（1）冲孔后落料

下正方形板料，先冲孔将 $\phi 15^{+0.10}_{0}$ 冲出，然后落料将 $\phi 32^{0}_{-0.12}$ 冲出，冲孔后落料排样图如图 2-2 所示。

（2）落料后冲孔

下正方形板料，先落料将 $\phi 32^{0}_{-0.12}$ 冲出，然后冲孔将 $\phi 15^{+0.10}_{0}$ 冲出，落料后冲孔排样图如图 2-3 所示。

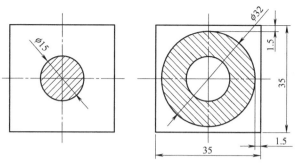

图 2-2 冲孔后落料排样图

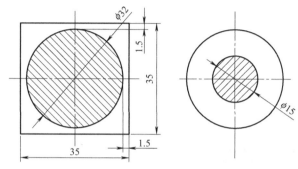

图 2-3 落料后冲孔排样图

（3）冲孔、落料同时进行

下正方形（或条料）板料，中间冲孔外面落料，同时将 $\phi32_{-0.12}^{0}$ 和 $\phi15_{0}^{+0.10}$ 冲出，排样图如图 2-4 所示。

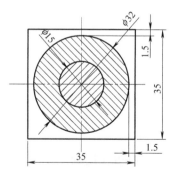

图 2-4 冲孔、落料同时进行排样图

（4）冲孔、落料连续进行

下条料，第一个工位先冲 $\phi15_{0}^{+0.10}$ 孔，然后按照顺序第二工位将 $\phi32_{-0.12}^{0}$ 冲出，排样图如图 2-5 所示，下料宽度 $B=35\mathrm{mm}$，步距 $s=33.2\mathrm{mm}$。

2.3.2 材料利用率计算

第 1～3 种排样设计，可按照一个步距内的材料利用率进行计算，其材料利用率由式（1-9）得：

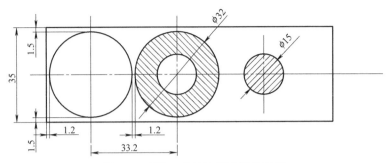

图 2-5　冲孔、落料连续进行排样图

$$\eta=\frac{3.14\times(16^2-7.5^2)}{35\times35}\times100\%=51.2\%$$

第 4 种排样设计，冲孔、落料连续进行的一个步距材料利用率计算，由式（1-9）得：

$$\eta=\frac{3.14\times(16^2-7.5^2)}{35\times33.2}\times100\%=53.98\%$$

2.4　压力中心的计算

以上实例中，第 1～3 种排样设计，属于一次冲压，在一个工位完成冲压工序，所以压力中心与模柄（压力机）中心线重合。第 4 种排样设计，冲孔、落料连续进行，属于一次冲压，在两个及两个上个工位完成冲压工序，需要对压力中心进行计算。

2.4.1　冲压力的计算

冲压力的计算。复合模和级进模中间冲孔，外面落料，凸模需要同时冲裁，冲压力最大，所以按照级进模结构计算冲压力，卸料装置和出料方式采用弹性卸料装置和下出料方式，需要计算冲裁力、卸料力、推件力。

（1）冲裁力

根据图 2-1 产品图，计算 $\phi32$ 孔周边长度为 100.48mm，$\phi15$ 孔周边长度为 47.1mm。冲孔和落料同时进行，故冲裁总长度 $L=100.48+47.1=147.58$mm。$\sigma_b=300$MPa，$t=2$mm，由式（1-18）得：

$$F=Lt\sigma_b=147.58\times2\times300=88548\text{N}$$

（2）卸料力

查表 1-11 得 $K_X=0.05$，则

$$F_X=K_XF=0.05\times88548\approx4427\text{N}$$

（3）推件力

查表 1-11 得 $K_X=0.055$，凹模刃口（见表 1-12）选择 $h=6$，$n=h/t=6/2=3$，则

$$F_T=nK_TF=3\times0.055\times88548\approx14610\text{N}$$

（4）总冲压力

$$F_\Sigma = F + F_X + F_T = 88548 + 4427 + 14610 = 107585\text{N}$$

选用压力机标称压力：$P \geqslant (1.1 \sim 1.3)F_\Sigma = (1.1 \sim 1.3) \times 107585 \approx 118 \sim 140\text{kN}$。因此可选用压力机型号为 J23-16。

2.4.2 压力中心计算

压力中心计算如图 2-6 所示。

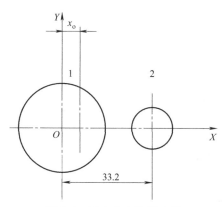

图 2-6　压力中心计算坐标

已知图形 1 轮廓长 $L_1 = 100.48\text{mm}$，图形 2 轮廓长 $L_2 = 47.1\text{mm}$，$x_1 = 0$、$x_2 = 33.2$，$y_1 = 0$、$y_2 = 0$，将相关数据代入式（1-28）和式（1-29）得：

$$x_0 = \frac{100.48 \times 0 + 47.1 \times 33.2}{100.48 + 47.1} \approx 10.6\text{mm}$$

$$y_0 = \frac{100.48 \times 0 + 47.1 \times 0}{100.48 + 47.1} = 0\text{mm}$$

2.5 垫圈冲裁模具的装配图设计

为了开拓学习者的视野，多掌握冲压模具结构的知识，针对图 2-1 所示的垫圈产品设计单工序模、复合模、级进模的装配图。通过三种模具结构的设计，了解三种模具结构各自的特点。

2.5.1 装配图设计中的注意事项

（1）模具闭合高度 H_d 的确定

模具闭合高度 H_d，是指冲裁模具凸模切下板料并进入凹模 $0.5 \sim 1.0\text{mm}$ 时的模具总体厚度，如图 2-7 所示。由于冲压模具一般安装在压力机上工作，所以模具闭合高度 H_d 与压力机的装模高度的关系：最小装模高度 $+10 \leqslant$ 模具闭合高度 $H_d \leqslant$ 最大装模高度 -5，比最小装模高度大 10mm 和最大装模高度小 5mm 是指装模时留有调节的余地。

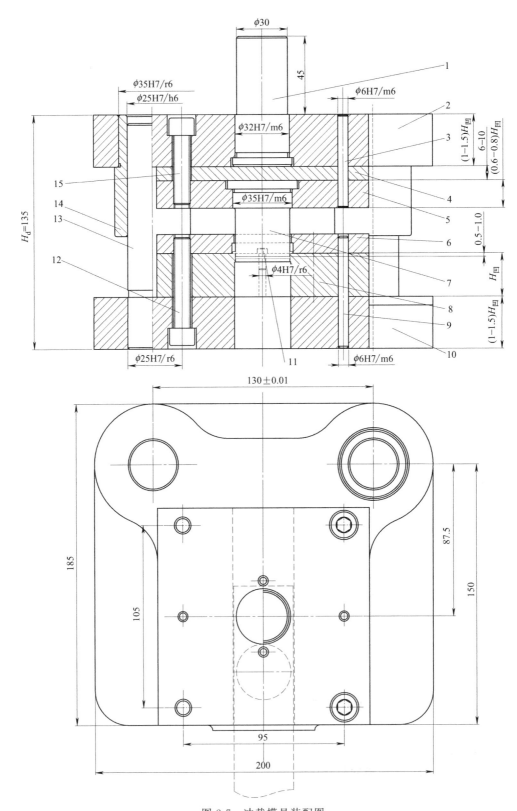

图 2-7　冲裁模具装配图

1—模柄；2—上模座；3,9—销钉；4—垫板；5—凸模固定板；6—卸料板；7—凸模；
8—凹模；10—下模座；11—挡料销；12,15—螺钉；13—导柱；14—导套

（2）各种板类零件长、宽、厚度的确定

冲裁模具中板类零件主要有上模座、下模座、凸模固定板、垫板、凹模等，这些都决定模具的闭合高度尺寸，在这些板类零件中首先确定出凹模的刃口形式（见表 1-12）和厚度 H [见式（1-32）]。对于中小型冲裁模具，其他板类零件厚度经验取值为：

① 上模座、下模座厚度为 $1\sim1.5H$（mm）。

② 凸模固定板厚度为 $0.6\sim0.8H$（mm）。

③ 垫板厚度为 $6\sim10$（mm）为了满足压力机装模高度的要求，板类零件厚度可根据需要适当增加。

④ 无论是采用标准模架还是自制模座，为了装配方便，板类零件的长、宽都一致，并且为了避免在上下模工作中，与导套碰撞，尺寸限制在导套直径之内，如图 2-8 所示。

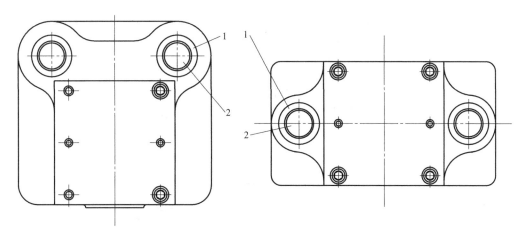

图 2-8 尺寸限制在导套直径之内

1—导套；2—导柱

（3）必要的尺寸标注

① 模具装配及零件之间配合尺寸　为了保证模具加工出精度高的冲件，模具零件之间配合精度要高，所以要求配合精度高的零件之间需要采用必要的间隙配合、过渡配合和过盈配合，可以在装配图中标注出来。

② 冲裁模具安装尺寸　为了满足压力机的安装要求以及模具存放空间，要标注模具的长、宽、高，模柄的直径和长度等。

2.5.2 垫圈单工序模设计

在压力机滑块的每次行程中，在同一副模具的相同位置，只完成一种冲裁工序的模具叫单工序模。

为了保证垫圈的内外孔同轴度，按照先冲孔后落料的排样设计，需要两副冲裁模具，设计如下：

（1）垫圈单工序冲孔模具

垫圈单工序冲孔模具如图 2-9 所示。

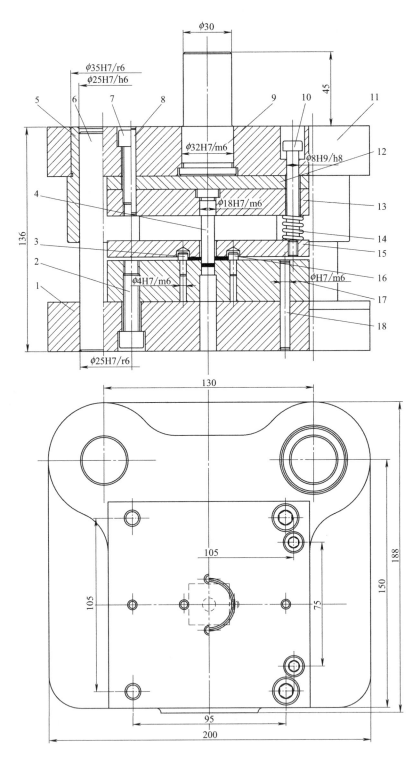

图 2-9　垫圈单工序冲孔模具

1—下模座；2,7—螺钉；3—挡料销；4—凸模；5—导套；6—导柱；8,18—销钉；

9—模柄；10—卸料螺钉；11—上模座；12—垫板；13—凸模固定板；

14—卸料弹簧；15—卸料板；16—导料销；17—凹模

（2）垫圈单工序落料模具

垫圈单工序落料模具如图 2-10 所示。

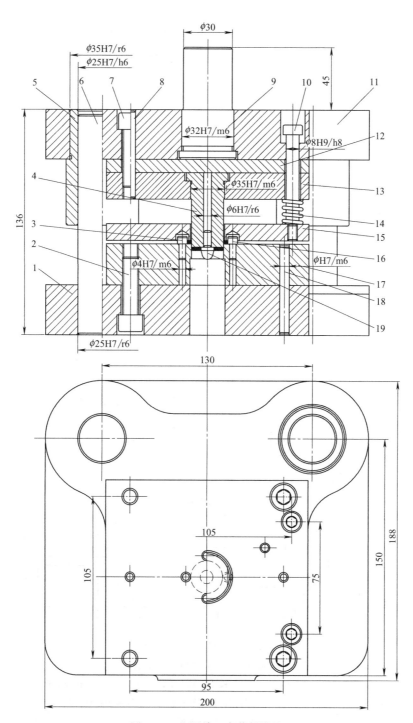

图 2-10　垫圈单工序落料模具

1—下模座；2,7—螺钉；3—挡料销；4—凸模；5—导套；6—导柱；8,18—销钉；

9—模柄；10—卸料螺钉；11—上模座；12—垫板；13—凸模固定板；

14—卸料弹簧；15—卸料板；16—导料销；17—凹模；19—导正销

2.5.3 垫圈复合模设计

在压力机滑块的每次行程中，在同一副模具的相同位置，同时完成两道或两道以上不同冲压工序的模具叫复合模。根据凸凹模在模具中的装配位置不同，凸凹模装在上模的称为正装式复合模，凸凹模装下模的称为倒装式复合模。

正装式复合模的制件用弹性卸料装置从下模部分顶出，上模采用弹性卸料装置，因此制件的精度和平面度相对比较高，但模具的结构相对倒装复杂。

倒装式复合模的凸凹模安装在下模部分时，采用钢性顶料装置，因此制件的平面度会比较低，冲裁时，不能将条料压住，因此制件的精度会相对降低，故只适用于对精度和平面度要求相对较低时使用，但其结构相对正装式简单。

(1) 垫圈正装式复合模

垫圈正装式复合模如图 2-11 所示。

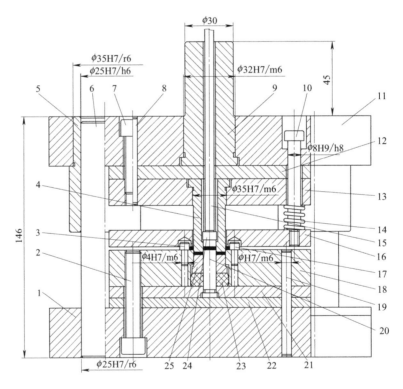

图 2-11　垫圈正装式复合模

1—下模座；2,7—螺钉；3—挡料销；4—凸凹模；5—导套；6—导柱；8,19—销钉；

9—模柄；10—卸料螺钉；11—上模座；12—上模垫板；13—凸凹模固定板；

14—卸料弹簧；15,24—打料杆；16—卸料板；17—导料销；18—凹模；

20—冲孔凸模；21—冲孔凸模固定板；22—下模垫板；23—卸料橡胶；25—推件块

(2) 垫圈倒装复合模

垫圈倒装式复合模如图 2-12 所示。

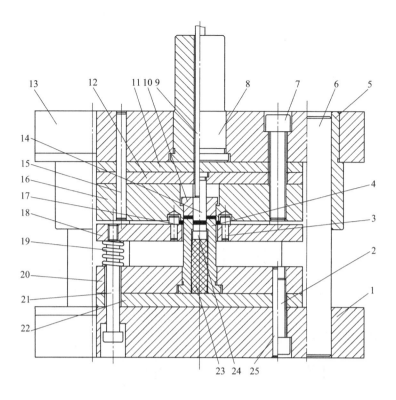

图 2-12　垫圈倒装式复合模

1—下模座；2,7—螺钉；3—挡料销；4—凸凹模；5—导套；6—导柱；8—模柄；
9—打料杆；10—顶件块；11—上模垫板；12—冲孔凸模固定板；13—上模座；
14—冲孔凸模；15,25—销钉；16—凹模；17—导料销；18—卸料板；
19—卸料弹簧；20—凸凹模固定板；21—卸料螺钉；
22—下模垫板；23—卸料橡胶；24—推件块

2.5.4　垫圈级进冲裁模

　　如图 2-13 所示。在压力机滑块的每次行程中，在同一副模具的不同位置，同时完成两道或两道以上不同冲压工序的模具叫级进模。

2.5.5　三种模具结构特点分析

　　通过三种模具结构的设计各自的特点如下：

　　① 单工序模特点是模具结构简单，制造成本低，易于加工和模具的维修，但往往一个产品需要多副模具，需要多次定位，冲件精度差。

　　② 复合模特点是结构紧凑，冲件一次冲出，制件的精度依靠凸凹模制造精度保证，所以冲出的制件精度高且平整。但结构复杂，制造难度大，成本高。由于凸凹模刃口形状与工件完全一致，如果制件的孔边距或孔间距过小，则凸凹模的强度差。

③ 级进模特点是可以减少模具和设备的数量，提高生产效率，易于实现自动化，但制造比单工序模复杂，必须解决条料的准确定位问题。

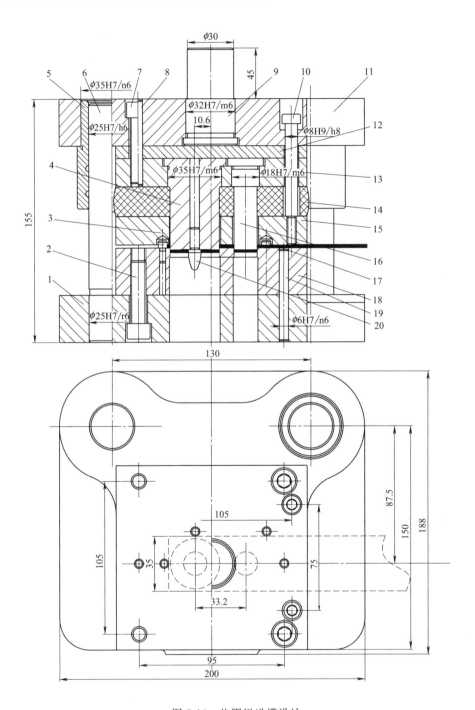

图 2-13 垫圈级进模设计

1—下模座；2,7—螺钉；3—挡料销；4—落料凸模；5—导套；6—导柱；

8,19—销钉；9—模柄；10—卸料螺钉；11—上模座；12—垫板；

13—凸模固定板；14—卸料橡胶；15—卸料板；16—冲孔凸模；

17—导料销；18—凹模；20—导正销

2.6 垫圈冲裁模具的零件图设计

2.6.1 凸、凹模零件图设计

由于垫圈较简单，精度较低、生产批量中等，材料厚度 2mm。所以凸模、凹模材料可选用 T10A。

(1) 凸模

由于垫圈为圆形零件，所以采用容易加工的圆形凸模，固定方法采用台阶结构设计，冲孔凸模如图 2-14 所示。落料凸模如图 2-15 所示。

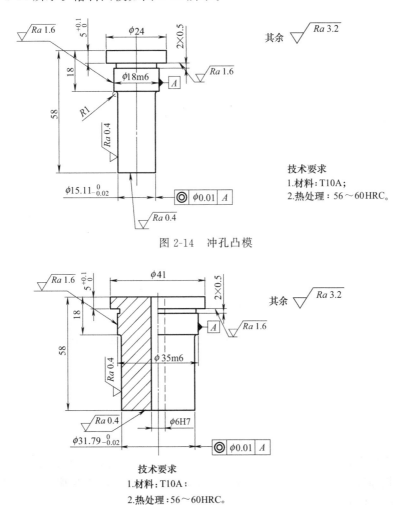

技术要求
1.材料：T10A；
2.热处理：56～60HRC。

图 2-14 冲孔凸模

技术要求
1.材料：T10A；
2.热处理：56～60HRC。

图 2-15 落料凸模

(2) 凹模

凹模材料选用 T10A，材料较便宜可采用整体式结构，冲孔凹模和落料凹模在一块板上，如图 1-16 所示。

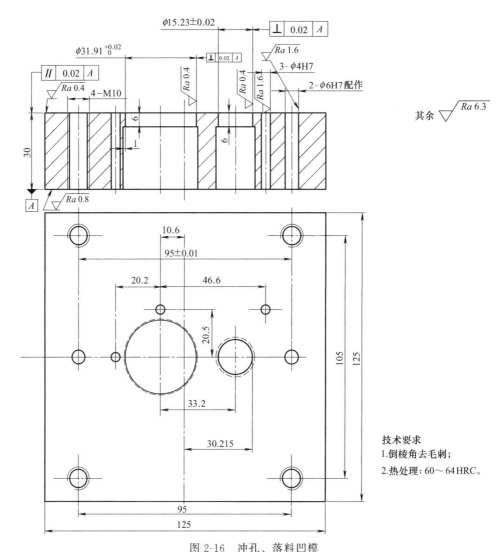

图 2-16　冲孔、落料凹模

① 凹模刃口的结构形式。采用直筒形便于加工，刃口高度＝6mm。

② 凹模轮廓尺寸的确定。

a. 计算凹模长宽尺寸。查表 1-13，$c＝32$mm。

由式（1-31）得：

$$L＝l'+2c＝60.43+2×32＝124.43\text{mm}$$

$$B＝b+2c＝31.91+2×32＝95.91\text{mm}$$

由于采用标准模架，与上、下模座尺寸相同，长度取 125mm，宽度取 125mm。

b. 计算凹模厚度尺寸。查表 1-14，$K_1＝1.3$；$K_2＝1.25$，按照承受最大冲裁力计算，$\phi32$ 孔周边长度为 100.48mm。

由式（1-18）、式（1-32）得：

$$F＝Lt\sigma_b＝100.48×2×300＝60288\text{N}$$

$$H＝K_1K_2\sqrt[3]{0.1F}＝1.3×1.25×\sqrt[3]{0.1×60288}＝29.5\text{mm，取 } H＝30\text{mm}。$$

2.6.2 定位零件设计

由于垫圈精度要求不是很高，定位零件采用固定挡料销、导料销、导正销结构。

(1) 挡料销、导料销

挡料销、导料销形状、尺寸采用相同结构，可以选用标准件，也可以自行设计，材料为T8。如图 2-17 (a) 所示。考虑到绝大部分是右手操作，所以设计的挡料销位置在左，导料销在里，如图 2-17 (b) 所示。

由式 (1-34) 得，挡料销与导正销的中心距为：

$$s_1 = s - D_p/2 + D/2 + 0.1 = 33.2 - 31.79/2 + 6/2 + 0.1 \approx 20.4\text{mm}$$

或直接取：33.2 (送料步距) − 32(工件尺寸)/2 + 6(挡料销直径)/2 + 0.1 = 20.3mm

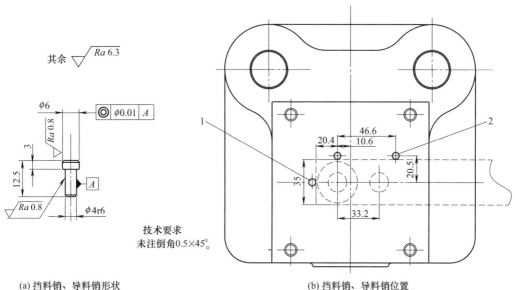

(a) 挡料销、导料销形状　　　　　　　　　　　　(b) 挡料销、导料销位置

图 2-17　挡料销、导料销形状和位置

1—挡料销；2—导料销

(2) 导正销

导正销材料 T8，导正销的导正部分的直径 [见式 (1-33)]：$d = d_p - a$，查表 1-15，直径差值 $a = 0.08\text{mm}$，则：$d = 15.11 - 0.08 = 15.03\text{mm}$。导正部分的高度一般取 $h = (0.5 \sim 1)t$，取 $h = 2\text{mm}$。如图 2-18 所示

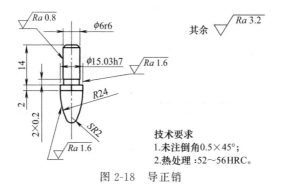

图 2-18　导正销

2.6.3 卸料与出件装置设计

(1) 卸料弹性元件

选用聚氨酯橡胶作为卸料弹性元件。

① 确定橡胶的自由高度 $h_{自由}$ 和预压缩量　卸料板的工作行程 $h_{工作}$，取板料厚度 2mm＋1mm（凸模进入凹模）＋1mm（上模抬起凸模在卸料板内）＝2＋2＝4mm，$h_{修磨}$ 选为 6mm，带入式（1-43）得：

$$h_{自由} = \frac{h_{工作}}{(0.25 \sim 0.30)} + h_{修磨} = (3.3 \sim 4.0)h_{工作} + h_{修磨}$$

$$= (14 \sim 16) + 6$$

$$= (20 \sim 22)mm$$

选取橡胶厚度为 22mm，预压缩量（10%～15%）$h_{自}$＝(2.2～3.3)mm，选预压缩量为 3mm。

② 确定橡胶装配后的高度，由式（1-45）得：

$$h_{装配} = h_{自由} - h_{预} = 22 - 3 = 19mm$$

③ 确定橡胶横截面积 A，由式（1-41）得：

由 $F = A \times p$，得到 $A = F/p$，$F = F_X = K_X F = 0.05 \times 88548 \approx 4427N$

$p = 0.26 \sim 0.5MPa$。选为 0.5，则：$A = 4427/0.5 = 8854mm^2$

④ 核算橡胶的安装空间。

由于卸料橡胶（见图 2-19）的外形尺寸一般与卸料板的外形尺寸相同，卸料板的外形为 $125 \times 125 = 15625mm^2$，卸料橡胶上孔的面积为 $1294.5mm^2$，可安装橡胶横截面积＝ $15625 - 1294.5 \approx 14330mm^2$ 大于应具有的橡胶横截面积 A，满足要求。

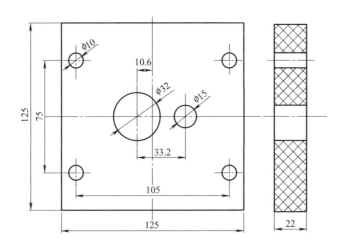

图 2-19　卸料橡胶

(2) 卸料板

卸料板外形尺寸等于凹模板尺寸，厚度取凹模厚度的 $0.6 \sim 0.8$ 倍，为 18mm。采用 Q235 或 45 钢材料，如图 2-20 所示。

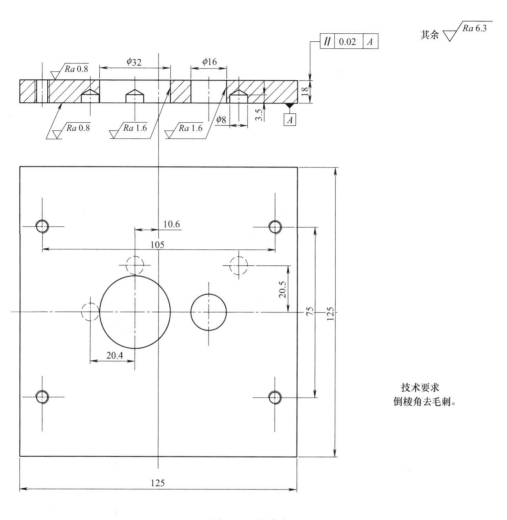

图 2-20　卸料板

2.6.4　模架及其零件设计

(1) 模架自行设计或选用标准的模架

根据选用压力机型号选择模具闭合高度、模柄直径和高度。已知：J23-16 压力机最大装模高度 $H_{max} = 190$mm，装模高度调节量 $\Delta H = 65$mm；模柄孔尺寸：直径 $\phi 30$mm，深度 50mm；工作台板尺寸：295mm$\times 400$mm$\times 45$mm；工作台板孔 $\phi 150$mm。

模具的闭合高度应介于压力机的最大装模高度与最小装模高度之间，按照 $H_{min} + 10 \leqslant$ 模具闭合高度 $H_d \leqslant H_{max} - 5$。$H_{min} = H_{max} - \Delta H = 125$mm。所以，135mm $\leqslant$ 模具闭合高度

$H_d \leqslant 185$mm。选用的标准模架如图 2-21 所示。上、下模座材料 HT200，厚度 30mm。

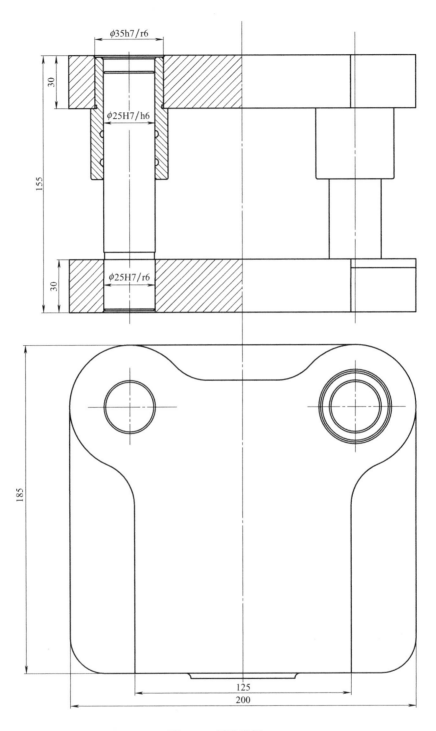

图 2-21　标准模架

(2) 上、下模的设计

由于采用的标准模架，只对上下面和安装孔进行加工，如图 2-22、图 2-23 所示。

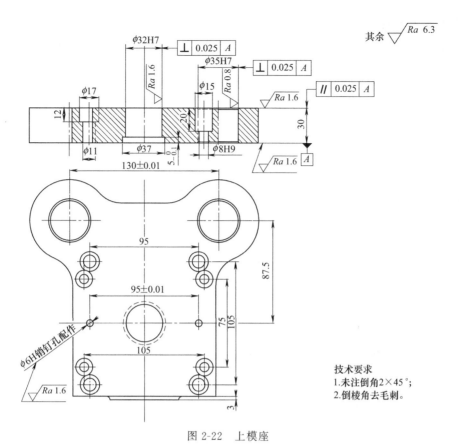

其余 √ Ra 6.3

φ32H7
⊥ 0.025 A
√Ra 1.6
φ35H7
⊥ 0.025 A
φ15
√Ra 0.8
φ17
‖ 0.025 A
12
20
√Ra 1.6
30
φ11
φ37
5₋₀.₁
φ8H9
√Ra 1.6 A
130±0.01
95
87.5
95±0.01
75
105
105
φ6H销钉孔配作
3
√Ra 1.6

技术要求
1.未注倒角2×45°；
2.倒棱角去毛刺。

图 2-22　上模座

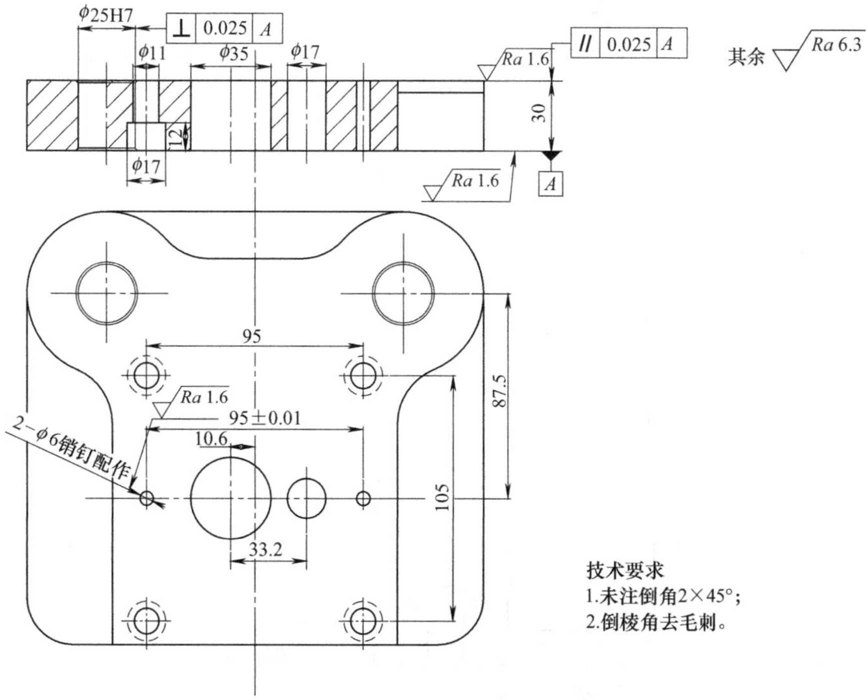

φ25H7
⊥ 0.025 A
φ11
φ35
φ17
√Ra 1.6
‖ 0.025 A
其余 √ Ra 6.3
30
12
φ17
√Ra 1.6 A
95
87.5
95±0.01
Ra 1.6
10.6
105
2~φ6销钉配作
33.2

技术要求
1.未注倒角2×45°；
2.倒棱角去毛刺。

图 2-23　下模座

（3）导柱导套的设计

导柱、导套采用 20 钢表面渗碳，热处理硬度 55～60HRC，达到里韧外硬效果，如图 2-24、图 2-25 所示。

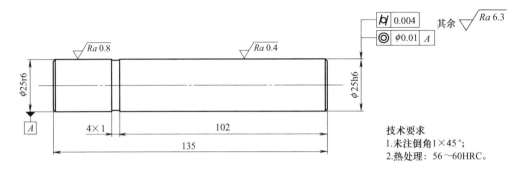

技术要求
1.未注倒角1×45°；
2.热处理：56～60HRC。

图 2-24　导柱

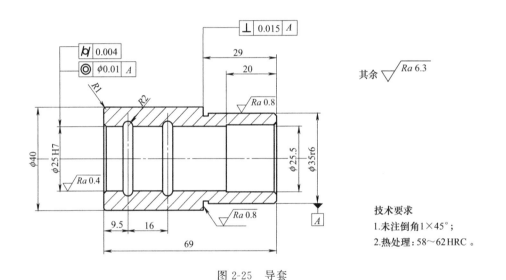

技术要求
1.未注倒角1×45°；
2.热处理：58～62HRC。

图 2-25　导套

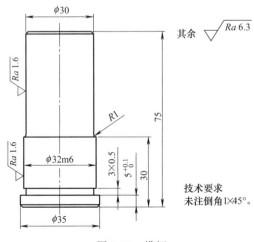

技术要求
未注倒角1×45°。

图 2-26　模柄

2.6.5　支承与固定零件设计

(1) 模柄的设计
模柄直径 $\phi 30$，高度 45mm，如图 2-26 所示。

(2) 凸模固定板的设计
凸模固定板采用 Q235 或 45 钢材料，如图 2-27 所示。

(3) 垫板的设计
垫板由于要承受凸模的积压和冲击，采用 45 钢材料，淬硬 43～48HRC，如图 2-28所示。

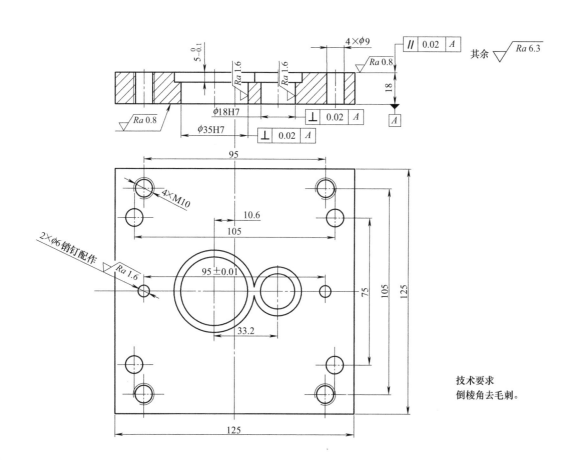

图 2-27　凸模固定板

三种模具的结构设计可以看出，模具的上、下模座，导柱、导套、模柄、凸模固定板、垫板、螺钉、销钉、挡料销等都是相同或相似的，级进模典型案例零件图会设计了，其他结构模具的零件图也就会设计了。

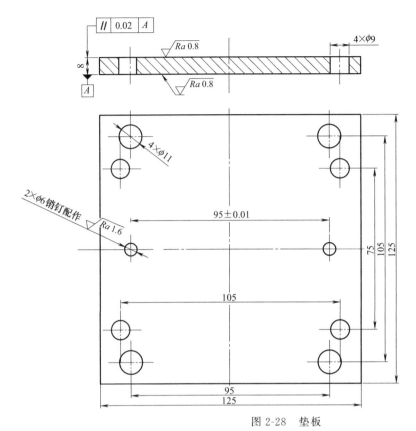

图 2-28 垫板

技术要求
1.倒棱角去毛刺；
2.热处理：43~48HRC。

3.1 冰箱 U 形板产品图

　　已知：冰箱 U 形板如图 3-1 所示，材料为 08F 钢，厚度 $t = 1.8$mm，年产量为 100 万件。进行冰箱 U 形板多工位级进模具设计。

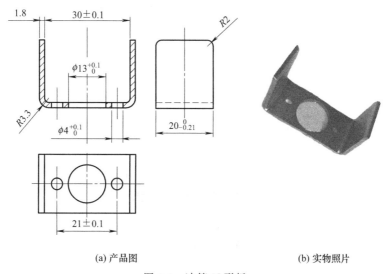

(a) 产品图　　　　　　　　　　　　　　　　　　　(b) 实物照片

图 3-1　冰箱 U 形板

　　对冰箱 U 形板产品进行分析，该产品为典型 U 形弯曲件，加工过程是将板弯曲成形，可以选择单工序模具设计结构，设计成一副冲裁模具和一副弯曲模具，也可将冲裁、弯曲集一副模具之中，设计成多工位级进模具结构，本章作为学习训练，引导讲解两种模具的设计过程。

3.2 冰箱 U 形板展开尺寸

　　在板料弯曲时，弯曲件毛坯展开尺寸准确与否，直接关系到所弯工件的尺寸精度。而弯曲中性层在弯曲变形前后长度不变，因此，可以用中性层长度作为计算弯曲部分展开长度的依据。

3.2.1 弯曲件中性层位置的确定

在生产实际中，通常采用以下经验公式来确定中性层半径 ρ_0 的位置。

$$\rho_0 = r + xt \tag{3-1}$$

式中，x 是与变形程度有关的中性层位移系数，其值见表 3-1。

表 3-1　中性层位移系数 x

r/t	0.1	0.2	0.3	0.4	0.5	0.6	0.7	0.8	1	1.2
x	0.21	0.22	0.23	0.24	0.25	0.26	0.28	0.3	0.32	0.33
r/t	1.3	1.5	2	2.5	3	4	5	6	7	$\geqslant 8$
x	0.34	0.36	0.38	0.39	0.4	0.42	0.44	0.46	0.48	0.5

已知冰箱 U 形板产品 $r = 1.5\text{mm}$，$t = 1.8\text{mm}$，则：

$r/t = 1.5/1.8 \approx 0.83$，查表 3-1 得 $x = 0.3$，由式（3-1）得：

$$\rho_0 = r + xt = 1.5 + 0.3 \times 1.8 = 2.04\text{mm}$$

中性层位置如图 3-2 所示。

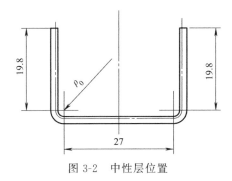

图 3-2　中性层位置

3.2.2 弯曲件的展开尺寸计算

由图 3-2 得弯曲件的展开尺寸 L_0：

$$L_0 = \sum l_{直线} + \sum l_{圆弧} \tag{3-2}$$

式中　L_0——弯曲件毛坯展开长度，mm；

　　　$l_{直}$——直线部分各段长度，mm；

　　　$l_{圆弧}$——圆弧部分各段长度，mm。

其中 $l_{圆弧}$ 可以按式（3-3）计算：

$$l_{圆弧} = \frac{2\pi\rho}{360°}\alpha = \frac{\pi\alpha}{180°} \times \rho_0 \tag{3-3}$$

由式（3-2）得：

$$L_0 = 19.8 + 19.8 + 27 + 2 \times$$

$$\frac{\pi \times 90°}{180°} \times 2.04$$

$$\approx 73 \text{mm}$$

冰箱 U 形板展开尺寸（冰箱 U 形板坯料）如图 3-3 所示。

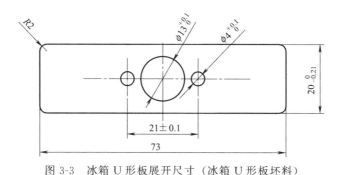

图 3-3　冰箱 U 形板展开尺寸（冰箱 U 形板坯料）

3.3 冰箱 U 形板单工序模具设计

3.3.1 冲裁模设计

冰箱 U 形板展开后看出实际是一个冲裁件，所以第一道工序要先设计冲裁模具，将冰箱 U 形板展开冲裁件加工出来。

(1) 模具凸、凹模刃口尺寸的计算

① 凸模、凹模合理间隙的选择　冰箱 U 形板产品图如 3-1 所示，材料为 08F 钢，料厚 $t = 1.8 \text{mm}$，用分别加工法计算凸、凹模刃口尺寸及公差。

解：由图 3-3 可知，该零件属无特殊要求的内冲孔、外落料件，$\phi 4^{+0.10}_{\ 0}$ 和 $\phi 13^{+0.10}_{\ 0}$ 由冲孔获得，制造公差 $\Delta = 0.10 \text{mm}$，外形由落料获得，宽 $20^{\ 0}_{-0.21}$ 制造公差 $\Delta = 0.21 \text{mm}$，长 73 的制造公差按照 IT12 级得 $\Delta = 0.30$，按"入体"原则，73 为轴类件，标注为 $73^{\ 0}_{-0.30}$。

08F 钢含碳量 $w_c = 0.08\%$，属于软钢，查表 1-2 得，$Z_{\min} = 0.108$，$Z_{\max} = 0.144$，则 $Z_{\max} - Z_{\min} = 0.144 - 0.108 = 0.036 \text{mm}$。

② 凸模、凹模刃口尺寸计算

a. 冲孔（$\phi 13^{+0.10}_{\ 0}$）

查表 1-4 得，$x = 1$。

由式（1-7）得，$\delta_p = 0.5(Z_{\max} - Z_{\min})$，$\delta_d = 0.5(Z_{\max} - Z_{\min})$。

由式（1-5）、式（1-6）得

$$d_{p1} = (13 + 1 \times 0.10)^{\ 0}_{-0.018} = 13.1^{\ 0}_{-0.018}$$

$$d_{d1} = (13.1 + 0.108)_{0}^{+0.018} = 13.208_{0}^{+0.018}$$

b. 冲孔 ($\phi 4_{0}^{+0.10}$)

查表 1-4 得，$x = 1$。

由式 (1-7) 得，$\delta_p = 0.5(Z_{max} - Z_{min})$，$\delta_d = 0.5(Z_{max} - Z_{min})$。

由式 (1-5)、式 (1-6) 得

$$d_{p2} = (4 + 1 \times 0.10)_{-0.018}^{0} = 4.1_{-0.018}^{0}$$

$$d_{d2} = (4.1 + 0.108)_{0}^{+0.018} = 4.208_{0}^{+0.018}$$

c. 落料 ($73_{-0.3}^{0}$)

查表 1-4 得，$x = 0.75$。

由式 (1-7) 得，选择 $\delta_p = 0.5(Z_{max} - Z_{min})$，$\delta_d = 0.5(Z_{max} - Z_{min})$。

由式 (1-3)、式 (1-4) 得

$$D_{d1} = (73 - 0.75 \times 0.3)_{0}^{+0.018} = 72.775_{0}^{+0.018}$$

$$D_{p1} = (72.775 - 0.108)_{-0.018}^{0} = 72.667_{-0.018}^{0}$$

d. 落料 ($20_{-0.21}^{0}$)

查表 1-4 得，$x = 0.75$。

由式 (1-7) 得，选择 $\delta_p = 0.5(Z_{max} - Z_{min})$，$\delta_d = 0.5(Z_{max} - Z_{min})$。

由式 (1-3)、式 (1-4) 得

$$D_{d2} = (20 - 0.75 \times 0.21)_{0}^{+0.018} \approx 19.843_{0}^{+0.018}$$

$$D_{p2} = (19.843 - 0.108)_{-0.018}^{0}$$

$$= 19.735_{-0.018}^{0}$$

(2) 排样设计

① 排样设计 由于冰箱 U 形板年产量比较大，采用级进模模具结构。排样设计有竖排和横排如图 3-4、图 3-5 所示。

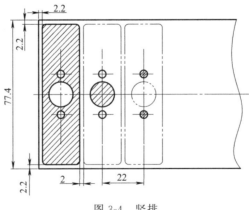

图 3-4 竖排

② 材料利用率计算。冰箱 U 形板展开面积 1456.56mm^2。

由式 (1-9) 得：

$$\eta_{竖} = 1456.56 / (77.4 \times 22 \times 100\%) = 85.5\%$$

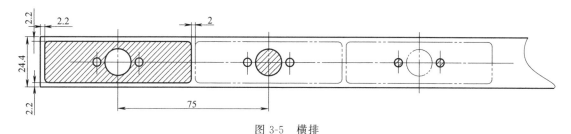

图 3-5　横排

$$\eta_{横}=1456.56/(24.4\times75\times100\%)=79.6\%$$

所以两种排样设计，选择竖排。

(3) 压力中心的计算

由于 $\phi4^{+0.10}_{0}$ 和 $\phi13^{+0.10}_{0}$ 距离较近，考虑凹模强度和凸模安装不能太近，分三个工位进行，如图 3-6 所示。工位设计分为手工和自动送料两种。手工送料如图 3-6（a）所示，第一工位冲 $\phi13$ 孔，第二工位利用 $\phi13$ 孔用挡料销定位，然后冲两个 $\phi4$ 孔，第三工位用导正销先行导入已冲出的 $\phi13$ 孔和两个 $\phi4$ 进行精确定位后进行落料。自动送料如图 3-6（b）所示，第一工位冲两个 $\phi4$ 孔，第二工位用两个导正销先行插入两个 $\phi4$ 导正后在条料上冲出 $\phi13$ 孔，第三工位用导正销先行导入已冲出的 $\phi13$ 孔和两个 $\phi4$ 进行精确定位后进行落料。

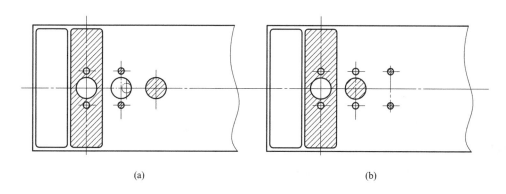

(a)　　　　　　　　　　　　　　(b)

图 3-6　工位设计

工位设计不同，压力中心的计算结果也不同，本实例按照手工送料进行压力中心的计算。

① 冲压力的计算

a. 冲裁力。根据图 3-3 冰箱 U 形板展开尺寸，计算 $\phi13$、$\phi4$ 孔周边长度分别为 40.82mm 和 12.56mm。外周长 182.56mm，冲孔和落料同时进行，故冲裁总长度 $L=235.94$mm。$\sigma_b=300$MPa，$t=1.8$mm，由式（1-18）得：

$$F=Lt\sigma_b=235.94\times1.8\times300=127407.6\text{N}$$

b. 卸料力。查表 1-11 得，$K_X=0.05$，则

$$F_X=K_XF=0.05\times127407.6=6370.38\text{N}$$

c. 推件力。查表 1-11 得，$K_X=0.055$，凹模刃口（见表 1-12）$h=6$，$n=h/t=6/1.8≈4$，则

$$F_T=nK_TF=4×0.055×127407.6=28029.67N$$

d. 总冲压力为：$F_\Sigma=F+F_X+F_T=127407.6+6370.38+28029.67（N）=161807.65N$

选用压力机标称压力：$P≥(1.1\sim1.3)F_\Sigma=(1.1\sim1.3)×161807.65=178\sim211kN$。因此可选用压力机型号为 J23-25。

② 压力中心计算

压力中心计算如图 3-7 所示。

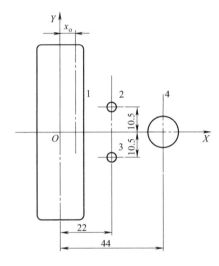

图 3-7　压力中心计算坐标

已知图形 1 轮廓长 $L_1=182.56mm$，图形 2、图形 3 轮廓长 $L_2=L_3=12.56mm$，图形 4 轮廓长 $L_4=40.82mm$，$x_1=0$、$x_2=x_3=22$、$x_4=44$，$y_1=0$、$y_2=10.5$、$y_3=-10.5$、$y_4=0$。将相关数据代入式 (1-28) 和式 (1-29)，得：

$$x_0=\frac{182.56×0+12.56×22+12.56×22+40.82×44}{182.56+40.82+12.56+12.56}≈9.45mm$$

$$y_0=\frac{182.56×0+12.56×10.5+12.56×(-10.5)+40.82×0}{182.56+40.82+12.56+12.56}=0mm$$

(4) 冰箱 U 形板冲裁模具装配图设计

通过冰箱 U 形板展开尺寸计算、模具凸凹模刃口尺寸的计算、排样设计、压力中心的计算，冰箱 U 形板冲裁模具装配图设计如图 3-8 所示。

(5) 冰箱 U 形板冲裁模具零件图设计

由于定位零件、卸料与出件装置、模架及其零件、支承与固定零件、紧固件与垫圈冲裁模具的装配图设计相似，重点学习凸模、凹模的结构设计。

① 凸模零件设计

a. $\phi13$ 冲孔凸模。如图 3-9 所示。

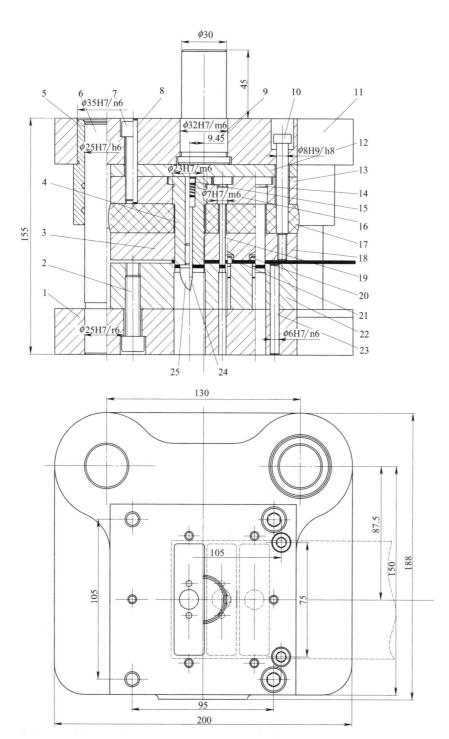

图 3-8　冰箱 U 形板冲裁模具装配图

1—下模座；2,7—螺钉；3—挡料销；4—落料凸模；5—导套；6—导柱；8,23—销钉；9—模柄；10—卸料螺钉；

11—上模座；12—垫板；13—凸模固定板；14—ϕ13 冲孔凸模；15—丝堵；16—弹簧；17—卸料橡胶；

18—卸料板；19—ϕ4 冲孔凸模；20—导挡料销；21—挡料销；22—凹模；24—活动导正销；25—导正销

b. ϕ4 冲孔凸模。如图 3-10 所示。

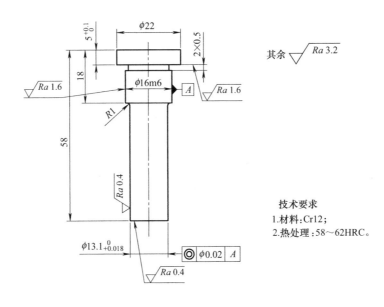

图 3-9 φ13 冲孔凸模

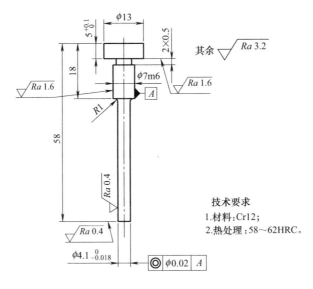

图 3-10 φ4 冲孔凸模

c. 73×20 长方凸模。如图 3-11 所示。

② 凹模零件设计 由于凹模比较简单，采用整体式凹模结构，如图 3-12 所示。

3.3.2 弯曲模设计

由于弯曲模具的定位零件、卸料与出件装置、模架及其零件、支承与固定零件、紧固件与冲裁模具相似，所以重点学习凸模、凹模的结构设计。

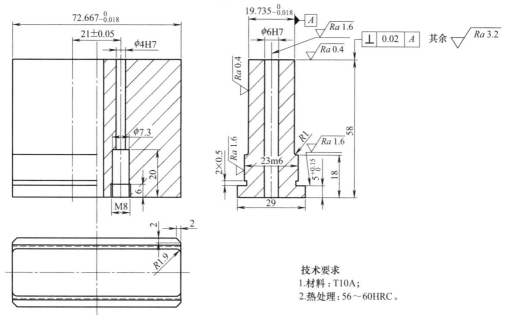

技术要求
1.材料：T10A；
2.热处理：56～60HRC。

图 3-11　73×20 长方凸模

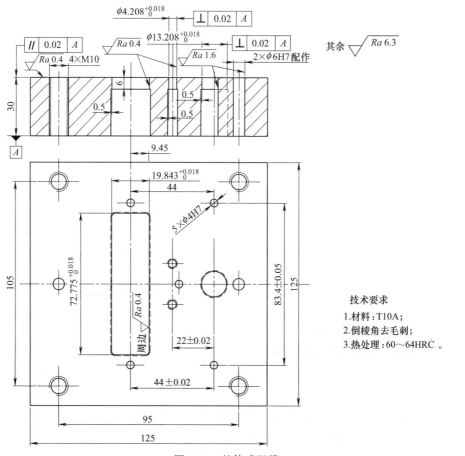

技术要求
1.材料：T10A；
2.倒棱角去毛刺；
3.热处理：60～64HRC。

图 3-12　整体式凹模

（1）弯曲模凸、凹模间隙确定

弯曲模凸模、凹模之间的间隙指的是单边间隙，用 $Z/2$ 来表示，见图 3-13。

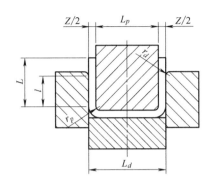

图 3-13　弯曲模间隙

U 形件凸、凹模的间隙一般可按式（3-4）进行计算：

$$Z/2 = t + \Delta + kt \tag{3-4}$$

式中　$Z/2$——凸、凹模的间隙，mm；

　　　t——板料厚度的基本尺寸，mm；

　　　Δ——板料厚度的正偏差，mm；

　　　k——间隙系数，其值见表 3-2。

表 3-2　间隙系数 k

弯曲件高度 h	$b/h \leqslant 2$				$b/h > 2$				
	板料厚度 t								
	<0.5	$0.6\sim2$	$2.1\sim4$	$4.1\sim5$	<0.5	$0.6\sim2$	$2.1\sim4$	$4.2\sim7.6$	$7.6\sim12$
10	0.05	0.05	0.04	—	0.10	0.10	0.08	—	—
20	0.05	0.05	0.04	0.08	0.10	0.10	0.08	0.06	0.06
35	0.07	0.05	0.04	0.03	0.15	0.10	0.08	0.06	0.06
50	0.10	0.07	0.05	0.04	0.20	0.15	0.10	0.06	0.06
70	0.10	0.07	0.05	0.05	0.20	0.15	0.10	0.10	0.08
100	—	0.07	0.05	0.05	—	0.15	0.10	0.10	0.08
150	—	0.10	0.07	0.05	—	0.20	0.15	0.10	0.10
200	—	0.10	0.07	0.07	—	0.20	0.15	0.15	0.10

注：b 为弯曲件的宽度。

当工件精度要求较高时，间隙值应适当减小，可取 $Z/2 = t$。

（2）弯曲模凸、凹模刃口尺寸计算

① 凸模圆角半径　当弯曲件的内侧弯曲半径为 r 时，凸模圆角半径应等于弯曲件的弯曲半径，即 $r_p = r$。

② 凹模圆角半径　当 $t \leqslant 2mm$ 时，$r_d = (3\sim6)t$；当 $t = 2\sim4mm$ 时，$r_d = (2\sim3)t$；当 $t > 4mm$ 时，$r_d = 2t$；也可以按照表 3-3 查取。

③ 凹模工作部分的深度　凹模圆角半径 r_d 及凹模深度 l，可按表 3-3 查取。

表 3-3 弯曲凹模圆角半径及工作深度　　　　　　　　　　　　　　mm

材料厚度 t	≤0.5		0.5～2.0		2.0～2.4		4.0～7.0	
边长 L	l	r_d	l	r_d	l	r_d	l	r_d
10	6	3	10	3	10	4	—	—
20	8	3	12	4	15	5	20	8
35	12	4	15	5	20	6	25	8
50	15	5	20	6	25	8	30	10
75	20	6	25	8	30	10	35	12
100	—	—	30	10	35	12	40	15
150	—	—	35	12	40	15	50	20
200	—	—	45	15	55	20	65	25

(3) 弯曲模凸、凹模宽度尺寸计算

弯曲件的尺寸标注时只能标注外形尺寸或内形尺寸，见图 3-14。

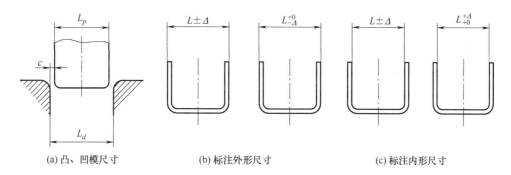

(a) 凸、凹模尺寸　　　　　(b) 标注外形尺寸　　　　　(c) 标注内形尺寸

图 3-14　弯曲模及工件的尺寸标注

① 弯曲件外形尺寸标注时应以凹模为基准件，先确定凹模的尺寸，然后再减去间隙值确定凸模尺寸。

当弯曲件为双向对称偏差时，凹模尺寸为：$L_d = \left(L - \dfrac{1}{2}\Delta\right)_0^{+\delta_d}$　　　　　　　(3-5)

当弯曲件为单向对称偏差时，凹模尺寸为：$L_d = \left(L - \dfrac{3}{4}\Delta\right)_0^{+\delta_d}$　　　　　　　(3-6)

凸模尺寸为：　　　　　　　　　　$L_p = (L_d - Z)_{-\delta_p}^0$　　　　　　　(3-7)

或者凸模尺寸按凹模尺寸配作，保证单边间隙值 $Z/2$。

式中，δ_d、δ_p 为凹模、凸模的制造公差。选用 IT7～IT9 级精度（mm）。

② 弯曲件内形尺寸标注时应以凸模为基准件，先确定凸模的尺寸，然后再增加间隙确定凹模尺寸。

当弯曲件为双向对称偏差时，凸模尺寸为：$L_p = \left(L + \dfrac{1}{2}\Delta\right)_{-\delta_p}^0$　　　　　　　(3-8)

当弯曲件为单向对称偏差时，凸模尺寸为：$L_p = \left(L + \dfrac{3}{4}\Delta\right)_{-\delta_p}^0$　　　　　　　(3-9)

凹模尺寸为：　　　　　　　　　　$L_d = (L_d + Z)_0^{+\delta_d}$　　　　　　　(3-10)

或者凹模尺寸按凸模尺寸配作，保证单边间隙值 $Z/2$。

(4) 冰箱 U 形板弯曲模具凸模、凹模刃口尺寸计算

① 凸模、凹模的间隙　查表 3-2 得：$k=0.05$，板料厚度正偏差 $\Delta=0.1$，则：U 形件凸、凹模的间隙 $Z/2=1.8+0.1+0.05\times2=2\text{mm}$。

② 凸模、凹模的设计

a. 凸模圆角半径。$r_p=r=1.5\text{mm}$

b. 凹模圆角半径、凹模工作部分的深度。由 $L=19.8$，查表 3-3 得：$l=12\text{mm}$，$r_d=4\text{mm}$。

c. 凸、凹模宽度尺寸。根据挂件弯板弯曲件标注的是内形尺寸，则应以凸模为基准件，先确定凸模的尺寸。凸模制造公差选用 IT7 级，凹模制造公差选用 IT8 级，获取 $\delta_p=0.02$，$\delta_d=0.02$，则：

凸模尺寸为：$L_p=\left(L+\dfrac{1}{2}\Delta\right)_{-\delta_p}^{0}=\left(30+\dfrac{1}{2}\times0.2\right)_{-0.02}^{0}=30.1_{-0.02}^{0}$

凹模尺寸为：$L_d=(L_d+Z)_{0}^{+\delta_d}=(30.1+4)_{0}^{+0.02}=34.1_{0}^{+0.02}$

(5) 冰箱 U 形板弯曲模具定位零件设计

冰箱 U 形板坯料的形状如图 3-3 所示，有两个 $\phi4$ 孔，有一个 $\phi13$ 孔，可利用三个孔定位，如图 3-15 所示。

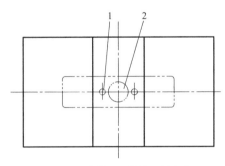

图 3-15　冰箱 U 形板坯料定位
1—定位块；2—挡料销

(6) 冰箱 U 形板弯曲模具出件装置设计

出件装置的设计需要知道顶件力的大小，因此进行弯曲力计算。

① 弯曲力的计算

a. U 形件弯曲力

$$F_{\text{w}}=\frac{0.7Kbt^2\sigma_{\text{b}}}{r+t} \tag{3-11}$$

式中　F_{w}——冲压行程结束时的弯曲力，N；

　　　K——安全系数，一般取 1.3；

　　　b——弯曲件的宽度，mm；

　　　t——弯曲材料的厚度，mm；

　　　r——弯曲件的内弯曲半径，mm；

　　　σ_{b}——材料的强度极限，MPa。

b. 顶件力

$$F_{顶(压)} = (0.3 \sim 0.8)F_w \qquad (3\text{-}12)$$

式中 $F_{顶(压)}$ ——顶件力或压料力，N；

F_w——冲压行程结束时的自由弯曲力，N。

已知产品图 3-1 所示冰箱 U 形板弯曲件，$K = 1.3$，$\sigma_b = 300\text{MPa}$，$b = 20\text{mm}$，$t = 1.8\text{mm}$，$r = 1.5\text{mm}$。

由式（3-11）得：

$$F_w = \frac{0.7Kbt^2\sigma_b}{r+t} = \frac{0.7 \times 1.3 \times 20 \times 1.8^2 \times 300}{1.5+1.8} = 5360.7\text{N}$$

由式（3-12）得：

顶件力：$F_顶 = (0.3 \sim 0.8)F_w$，取 $F_顶 = 0.5F_w \approx 2680\text{N}$

总弯曲力：$F_总 \geqslant F_w + F_{顶(压)} \geqslant 8040.7\text{N}$

② 选择出件结构　采用下模弹性顶件装置，采用弹性元件选用橡胶。

③ 计算橡胶的自由高度 $h_{自由}$　已知凹模圆角半径 $r_d = 4\text{mm}$，凹模工作部分的深度$l = 12\text{mm}$，则凸模行程=橡胶工作行程 $h_{工作} = 16\text{mm}$，$h_{修磨}$ 取 4mm。

由式（1-43）得：

$$h_{自由} = (3.5 \sim 4.0)h_{工作} + h_{修磨}$$

则：橡胶的自由高度 $h_{自由} = (60 \sim 68)\text{mm}$，取橡胶的自由高度 $h_{自由} = 60\text{mm}$。

④ 计算预压缩量　预压缩量 $h_预$ 一般为橡胶自由高度 $h_{自由}$ 的 $10\% \sim 15\%$，则：

$$h_预 = 6 \sim 9\text{mm}，取 h_预 = 7\text{mm}。$$

⑤ 计算橡胶预压缩后的装配高度 $h_{装配}$

由式（1-45）得：

$$h_{装配} = h_{自由} - h_预$$

则：$h_{装配} = h_{自由} - h_预 = 60 - 7 = 53\text{mm}$

⑥ 确定橡胶形状　橡胶压缩量 $S = (16+7)/60 \times 100\% = 38\%$，查表 2-34 取 $p = 2.10$。

由式（1-41）得

$$F = A \times p = F_顶$$

则：橡胶的承受面积 $A = F_顶/p = 2680/2.10 \approx 1276\text{mm}^2$。采用圆形橡胶形状，橡胶直径：$D = 41\text{mm}$。

由式（1-44）得：

$$0.5 \leqslant h/D \leqslant 1.5$$

则：$40 \leqslant D \leqslant 120$，取 $D = 60\text{mm}$。

⑦ 出件装置设计　如图 3-16 所示。

(7) 冰箱 U 形板弯曲模具装配图设计

冰箱 U 形板弯曲模具装配图设计如图 3-17 所示。

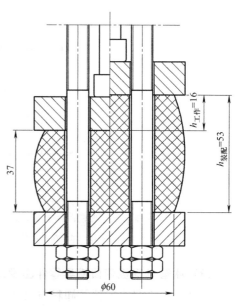

图 3-16　出件装置

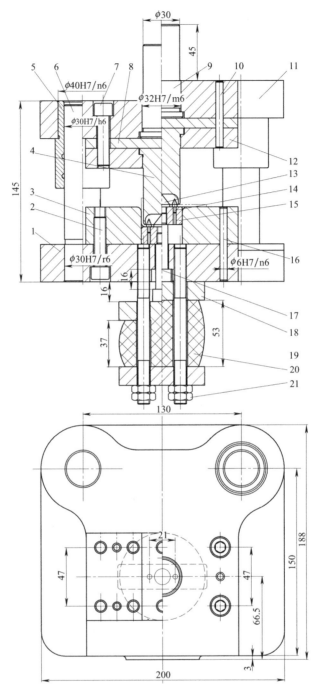

图 3-17　冰箱 U 形板弯曲模具

1—下模座；2,7—螺钉；3—凹模；4—凸模；5—导套；6—导柱；8—垫板；9—模柄；10,16—销钉；11—上模座；
12—凸模固定板；13—大孔定位销；14—小孔定位销；15—推件块；17—顶杆；18—托板；19—螺杆；20—橡胶；21—螺母

(8) 冰箱 U 形板弯曲模具零件图设计

同理，由于定位零件、卸料与出件装置、模架及其零件、支承与固定零件、紧固件与垫圈冲裁模具的装配图设计相似，重点学习冰箱 U 形板弯曲模具凸模、凹模的结构设计。

① 冰箱 U 形板弯曲模具凸模设计。如图 3-18 所示。

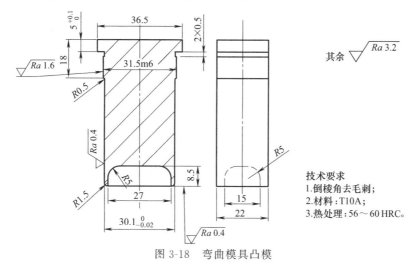

图 3-18　弯曲模具凸模

② 冰箱 U 形板弯曲模具凹模设计。如图 3-19 所示，凹模采用对称分体结构，凹模刃口尺寸为：$L_d = (L_d + Z)^{+\delta_d}_0 = 34.1^{+0.02}_0$，依靠两部分凹模装配来保证。

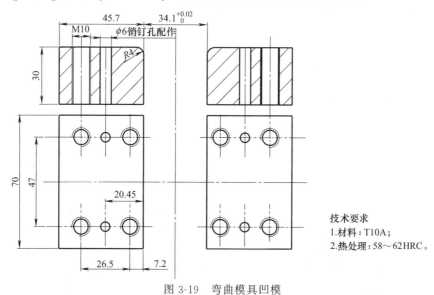

图 3-19　弯曲模具凹模

3.4 冰箱 U 形板多工位级进模具的装配图设计

3.4.1 多工位级进模具排样、工位和定距设计

(1) 排样与工位设计

排样与工位设计是设计多工位级进模的重要依据，要设计出多种方案，进行比较分析，

选取最佳方案。

① 为保证条料送料时步距的精度，设置导正销，所以第一工位一般是冲裁导正工艺孔，第二工位设置导正销。对弯曲和拉深件，在弯曲和拉深前进行切口、切槽（见图3-20），以便材料的流动。每一工位的变形程度不宜过大。对精度要求较高的成形零件，应设置整形工位。

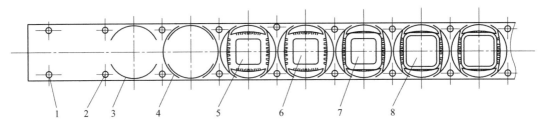

图 3-20　底板冲压排样

1—冲导正工艺孔；2—导正销；3——次切口；4—二次切口；5——次拉深；6—二次拉深；7—整形；8—落料

② 为提高模具凸模、凹模的强度和便于加工，孔壁距离较小的冲压件，其孔可分步冲出。将图3-21（a）两个工位排样设计改为图3-22（a）三个工位排样设计，凹模孔由图3-21（b）结构改成图3-22（b）结构，增强了孔与孔之间的强度。

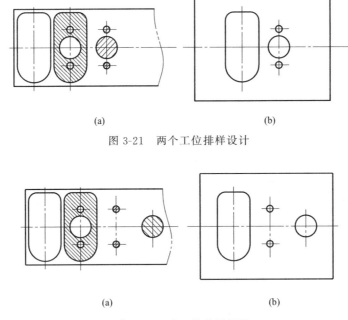

(a)　　　　　　　　　　　　(b)

图 3-21　两个工位排样设计

(a)　　　　　　　　　　　　(b)

图 3-22　三个工位排样设计

(2) 定距设计

多工位级进模中定距设计主要包括步距与步距精度的设计。条料的步距精度直接影响冲压件的尺寸精度。步距误差以及步距积累误差将影响冲压件轮廓形状和外形尺寸。因此在排样时，一般应在第一工位冲导正工艺孔，紧接着第二工位设置导正销导正，以导正销矫正自动送料的步距误差（见图1-42）。

为了消除多工位级进模各工位之间步距的积累误差，在标注凸模、凹模和凹模固定板、卸料板等零件与步距有关孔的位置尺寸时，均以第一工位为尺寸基准向后标注，不论距离多大，均以步距精度 δ 标注步距公差，以保证孔位制造精度。如图 3-23 所示，步距为 22mm，步距精度 $\delta = \pm 0.02$mm。

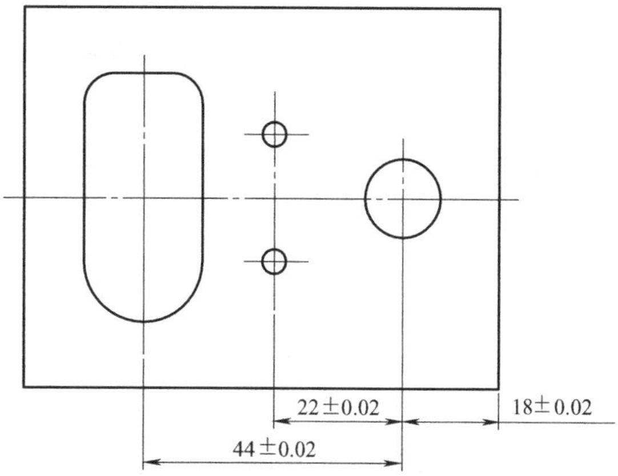

3.4.2 载体设计

图 3-23 多工位级进模尺寸标注

(1) 边料载体

边料载体是利用条料两侧搭边而形成的载体。边料载体送料刚性好，条料不容易变形，精度较高，提高了材料的利用率，如图 3-20 所示。

(2) 中间载体

条料搭边在中间的称为中间载体。中间载体主要适合于零件两侧有弯曲时使用。中间载体在成形过程中平衡性较好。如图 3-24 所示。

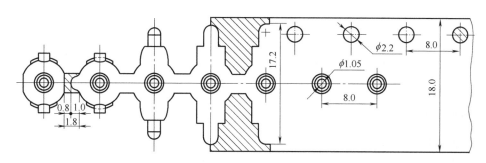

图 3-24 中间载体

(3) 单边载体

条料仅有一侧有搭边称为单边载体。单边载体主要用在零件的一端需要弯曲时使用，由于其导正孔在条料的一侧，导正和定位有一定的困难。如图 3-25 所示。

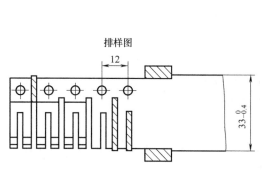

图 3-25 单边载体

3.4.3 冰箱U形板多工位级进模具设计

(1) 排样与工位设计、定距设计

采用中间载体，如图3-26所示。

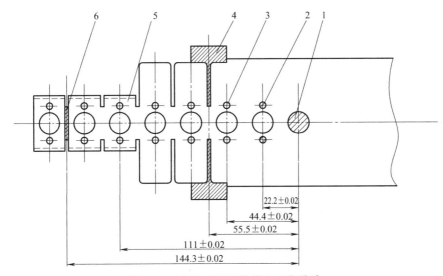

图 3-26 冰箱U形板排样和工位设计

1—冲 ϕ13孔；2—冲 ϕ4孔；3—导正销导正；4—切槽；5—弯曲；6—切断

工位设计如下：

① 冲裁 $\phi 13^{+0.1}_{0}$ 孔；

② 冲裁 $\phi 4^{+0.1}_{0}$ 孔；

③ 导正销导正；

④ 冲裁两个工件之间分离切槽，留中间载体；

⑤ 弯曲；

⑥ 切断载体、零件落料。

(2) 载体设计

由于冰箱U形板两侧有弯曲，所以采用中间载体。

(3) 压力中心的计算

① 冲压力的计算

a. 冲裁力。由图3-1、图3-3、图3-26折算出各工位冲裁轮廓线尺寸，第一工位 40.28mm，第二工位 12.56×2＝25.12mm，第四工位 2.2×2＝4.4mm 和 46.78×2＝ 93.56mm，第六工位 20×2＝40mm，如图3-27所示。

由式（1-18）得：

冲裁力 $F = Lt\sigma_b = (40.28 + 25.12 + 4.4 + 93.56 + 40) \times 1.8 \times 300 = 109814.4\text{N}$

b. 卸料力。查表1-11得 $K_X = 0.05$，则

$$F_X = K_X F = 0.05 \times 109814.4 \approx 5491\text{N}$$

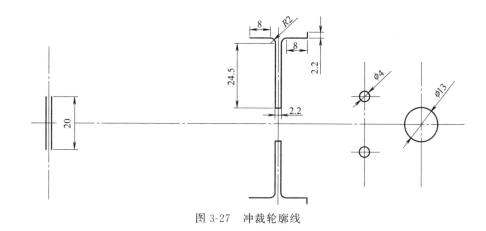

图 3-27 冲裁轮廓线

c. 推件力。查表 1-11 得 $K_X=0.055$，凹模刃口（见表 1-12）$h=6$，$n=h/t=6/1.8=4$，则

$$F_T=nK_TF=4\times0.055\times109814.4\approx24159N$$

c. 弯曲力。$F_总=8040.7N$

d. 总冲压力为：$F_\Sigma=8040.7+109814.4+5491+24159\approx147505N$

e. 选用压力机标称压力：

$P\geqslant(1.1\sim1.3)F_\Sigma=(1.1\sim1.3)\times147505=(163\sim200)kN$。因此可选用压力机型号为 J21-25。

② 压力中心的计算 根据排样图画出全部冲裁轮廓图，并以弯曲工位为坐标原点，标出压力中心对坐标轴 X-Y 的坐标，如图 3-28 所示（为了便于计算，图中 1~8 标记为需要计算的线段）。

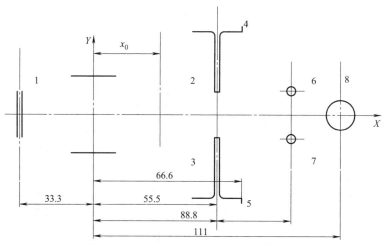

图 3-28 压力中心对坐标轴 X-Y 的坐标

已知：板厚 $t=1.8mm$，$\sigma_b=300MPa$，冲裁力 $F=Lt\sigma_b$，$F_W=5370.7N$。

由式（1-28）、式（1-29）得：

$$x_0=\frac{F_w\times0+(40.28\times111+25.12\times88.8+4.4\times66.6+93.56\times55.5-40\times33.3)\times1.8\times300}{F_w+(40.28+25.12+4.4+93.56+40)\times1.8\times300}$$

$$=50.9mm$$

由于 Y 坐标尺寸是以 X 轴为对称，则：$y_0 = 0$

（4）冰箱 U 形板多工位级进模具

冰箱 U 形板多工位级进模是将单工序冲裁、弯曲等经过排样设计后组合在一套模具上，装配图主、俯视图设计如图 3-29 所示，左视图如图 3-30 所示。

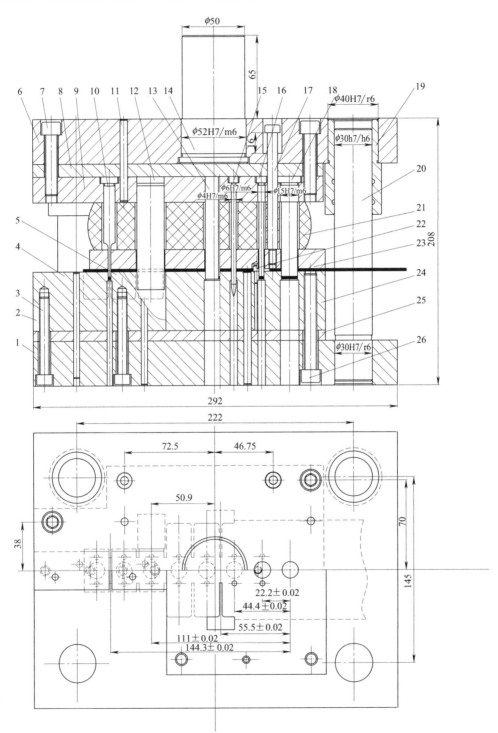

图 3-29　冰箱 U 形板多工位级进模装配图主、俯视图

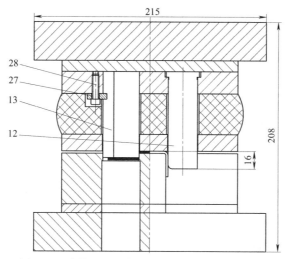

图 3-30　冰箱 U 形板多工位级进模装配图左视图

1—下模座；2—左切断凹模；3,7,26,28—螺钉；4,11—销钉；5—弯曲凸模（右切断凹模）；6—上模座；8—上垫板；
9—凸模固定板；10—切断凹模；12—弯曲凹模；13—切槽凸模；14—模柄；15—定位销；16—φ4孔凸模；17—卸料螺钉；
18—φ13孔凸模；19—导套；20—导柱；21—橡胶；22—挡料销；23—卸料板；24—凹模；25—下垫板；27—压板

3.5 冰箱 U 形板多工位级进模具的零件图设计

　　同理，由于定位零件、紧固件与垫圈冲裁模具的装配图设计相似，重点学习冰箱 U 形板多工位级进模具工作零件凸模、凹模的结构设计，卸料与出件装置、模架及其零件、支承与固定零件的设计中选出部分零件作为训练学习。

3.5.1　工作零件图设计

（1）切槽凸模、凹模零件图设计

　　冰箱 U 形板多工位级进模具的排样与工位设计、定距设计如图 3-26 所示，其中第四工位切槽不属于产品图，没有给定尺寸，在设计图 3-30 中切槽凸模 13 和凹模 24，可按照如图 3-31

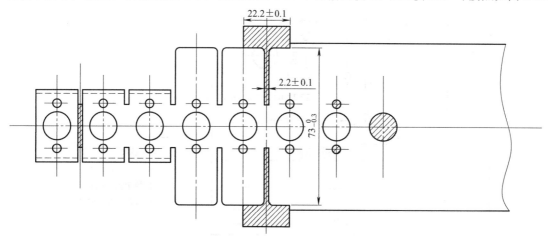

图 3-31　切槽尺寸

所示切槽尺寸。其中 73 对应尺寸可参考图 3-11、图 3-12 凸模和凹模给定尺寸。

　　冰箱 U 形板多工位级进模具圆形凸模结构和尺寸与图 3-18 可相同，切槽凸模设计如图 3-32 所示。凹模设计如图 3-33 所示。

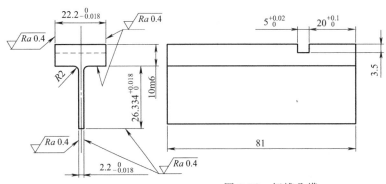

图 3-32　切槽凸模

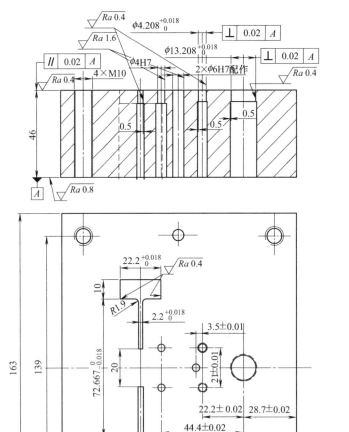

图 3-33　冰箱 U 形板多工位级进模具凹模

(2) 切断凸模、凹模零件图设计

如图 3-30 所示，切断凹模由左、右两块凹模组成，其中右切断凹模 5 也是弯曲凸模，切断凸模 10、左切断凹模 2 零件图设计如图 3-34、图 3-35 所示。

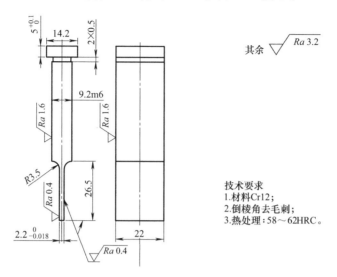

技术要求
1.材料Cr12；
2.倒棱角去毛刺；
3.热处理：58～62HRC。

图 3-34　切断凸模

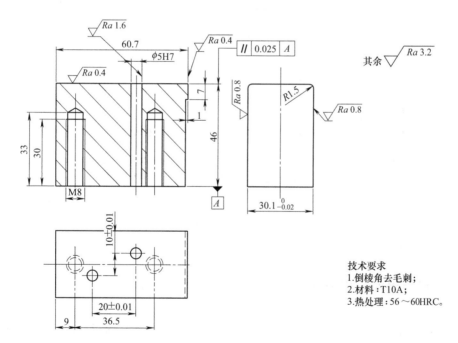

技术要求
1.倒棱角去毛刺；
2.材料：T10A；
3.热处理：56～60HRC。

图 3-35　左切断凹模

(3) 弯曲凸模、凹模零件图设计

如图 3-30 所示，弯曲凹模由左、右两块相同的弯曲凹模 12 组成，弯曲凸模 5 与右切断凹模为一体，弯曲凸模（右切断凹模）5、弯曲凹模 12 零件图设计如图 3-36、图 3-37 所示。

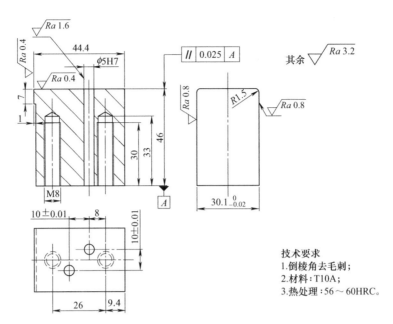

图 3-36 弯曲凸模（右切断凹模）

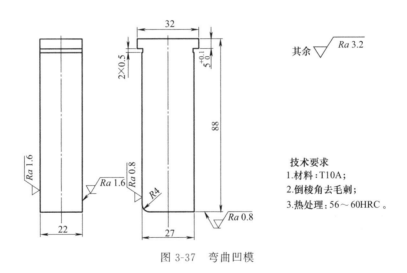

图 3-37 弯曲凹模

3.5.2 卸料与出件装置设计

如图 3-30 所示，卸料与出件装置包括卸料螺钉 17、橡胶 21、卸料板 23。卸料板 23 采用 Q235 或 45 钢材料，设计如图 3-38 所示。

3.5.3 模架及其零件设计

如图 3-30 所示，模架及其零件包括下模座 1、上模座 6、模柄 14、导套 19、导柱 20。上模座 6 采用 Q235 或 45 钢材料，设计如图 3-39 所示。

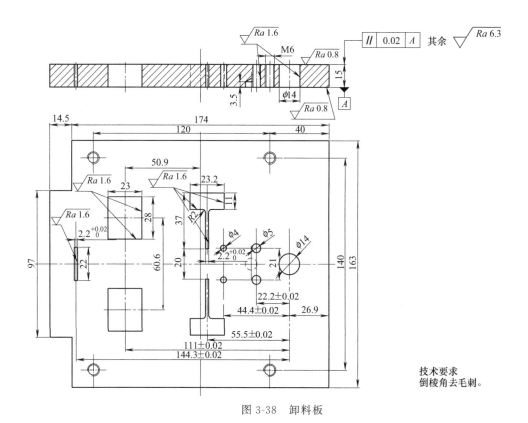

技术要求
倒棱角去毛刺。

图 3-38 卸料板

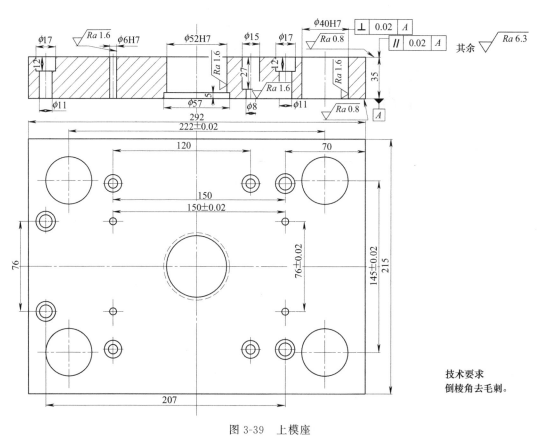

技术要求
倒棱角去毛刺。

图 3-39 上模座

3.5.4 支承与固定零件设计

如图 3-30 所示，支承与固定零件包括上垫板 8、凸模固定板 9、模柄 14、下垫板 25、压板 27。凸模固定板 9 采用 Q235 或 45 钢材料，设计如图 3-40 所示。

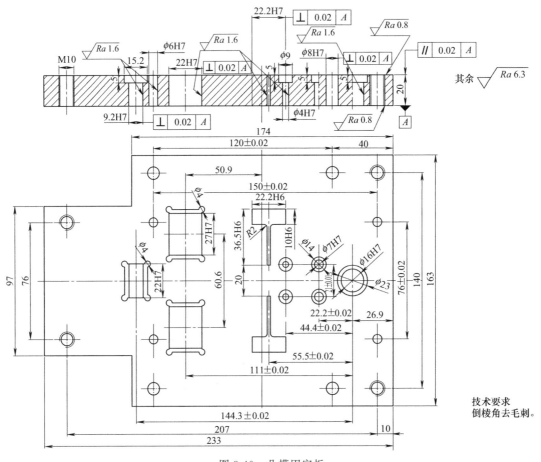

图 3-40 凸模固定板

技术要求
倒棱角去毛刺。

第4章 塑料模具设计入门

前三章讲解的是冲压模具设计入门，冲裁和弯曲，多工位级进模的设计过程。而塑料模具有很多零件与冲压模具是相似的，如导柱导套导向结构、侧向运动结构等，所以从本章开始讲解塑料模具设计入门、典型零件塑料模具的装配图和零件图的设计。

4.1 塑料模具的设计从哪开始

在塑料模具设计中有一个非常重要的零件与产品相同或相似，这个非常重要的零件叫作成型零件（型腔、型芯），也称为模仁（模具的中心），所以模具的设计从成型零件（型腔、型芯）尺寸的计算开始。

4.1.1 塑料模具型腔型芯工作尺寸的计算

塑料分为热塑性和热固性塑料，本书以热塑性塑料为例。

(1) 塑料的工艺特性

① 收缩性　塑件自模具中取出冷却到室温后，发生尺寸收缩的这种性能称为收缩性。塑料收缩性是影响塑件尺寸及其精度的重要因素，是设计塑料模具型腔尺寸重要的已知参数。

收缩性的大小以单位长度塑件收缩量的百分数来表示，称为收缩率。收缩率分为实际收缩率和计算收缩率两种。

$$S_s = (a-b)/b \times 100\% \tag{4-1}$$

$$S_j = (c-b)/b \times 100\% \tag{4-2}$$

式中　S_s——实际收缩率，%；

　　　S_j——计算收缩率，%；

　　　a——模具或塑件在成型温度时尺寸，mm；

　　　b——塑件在室温下尺寸，mm；

　　　c——模具在室温下尺寸，mm。

由于塑件的测量、模具型腔加工都是在室温条件下进行的，实际收缩率与计算收缩相差很小，所以模具设计时以计算收缩率 S_j 为设计参数来计算型腔及型芯尺寸。如果塑件收缩率是1%，则模具型腔尺寸如图4-1所示。

如果塑件与模具型腔尺寸关系仅仅这么简单就容易多了，但实际上塑件收缩率是在一个

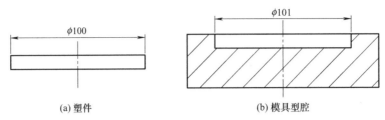

图 4-1　塑件与模具型腔尺寸

范围内变化的，虽然在设计模具时一般用塑件平均收缩率 S_{CP}（或参考塑件材料供应商提供数据）来计算模具型腔尺寸，但实际生产中塑件收缩率的变化会影响塑件尺寸精度，作为设计者应了解影响塑件收缩率因素：

a. 塑料品种。各种塑料都有其各自的收缩率范围，同一种塑料由于分子量、填料及配比等不同，则其收缩率及各向异性也不同，如聚丙烯（PP）加 30％玻璃纤维收缩率由 1.0％～2.5％降到 0.7％左右。

b. 塑件结构。塑件的形状、尺寸、壁厚及壁厚是否均匀、有无嵌件、嵌件数量及布局等，对收缩率值都有很大影响，如果塑件壁厚过厚则收缩率大，有嵌件则收缩率小。

c. 模具结构。模具的分型面、浇注系统形式、型腔布置及浇注系统尺寸等对收缩率及方向性影响也很大，如采用直接浇口则收缩大。冷却回路设计不当，则因塑件各处温度不均衡而产生收缩差，其结果是使塑件尺寸差或变形。

d. 成型工艺条件。模具温度高，熔料冷却慢，收缩大，保压高、时间长则收缩小。注射压力在一般情况下，压力较大时因材料的密度大，收缩率就较小。

② 流动性　塑料在一定温度、压力下充填模具型腔的能力，称为塑料的流动性。模具设计时应根据所用塑料的流动性，设计浇口位置和数量、型腔表面粗糙度、出模斜度等等。

a. 流动性好。尼龙（PA）、聚乙烯（PE）、聚苯乙烯（PS）、聚丙烯（PP）等；

b. 流动性中等。改性聚苯乙烯（IPS）、ABS、有机玻璃（PMMA）、聚甲醛（POM）等；

c. 流动性差。聚碳酸酯（PC）、硬聚氯乙烯（PVC）等。

③ 相容性　相容性（又称为共混性）是指两种或两种以上不同品种的塑料，在熔融状态下不产生相互分离现象的能力。塑料的相容性主要是用在塑料改性方面，如手机外壳在 ABS 加入另一种塑料 PC，成为 ABS/PC 塑料合金。若两种塑料不相容，则混熔后塑件会出现分层、脱皮等表面缺陷，如用再生塑料生产的产品塑件表面和强度都不好。

④ 吸湿性　吸湿性是指塑料对水分的亲疏程度。吸湿性塑料会造成塑件表面产生银丝、条纹等注射缺陷。如 ABS 为吸湿性塑料，注射成型前要进行烘干处理。

（2）常用塑料的应用与收缩率

① 聚氯乙烯（PVC）　应用范围：硬质聚氯乙烯用于硬管、硬板、门窗等，软质聚氯乙烯电线电缆绝缘外皮，冰箱门密封条、薄膜等。软质聚氯乙烯收缩率为 0.8％～1.3％。硬质聚氯乙烯为 0.3％～0.5％。

② 聚苯乙烯（PS）　应用范围：产品包装（发泡垫块），家庭用品（餐具、托盘等），电气（透明容器、光源散射器、绝缘薄膜等）。收缩率 0.3％～0.6％。高冲击性聚苯乙烯

（HIPS）收缩率 0.5%～0.6%。

③ 聚乙烯（PE）

a. 高密度聚乙烯（PE-HD）。应用范围：饮料瓶盖、吹塑瓶和桶、周转箱、塑料托盘等，收缩率 1.5%～3%。

b. 低密度聚乙烯（PE-LD）。应用范围：农膜、包装膜、电线电缆、管材等，收缩率 1.5%～5%。

④ 聚丙烯（PP） 应用范围：玩具、洗衣机、汽车零配件等，拉丝用于塑编集装袋、编织袋、PP 管材、日用消费品（盆、水桶、勺、椅、凳、水杯等）。收缩率一般为 1.0%～2.5%。加入 30% 玻纤增强收缩率 0.7%。

⑤ 丙腈烯-丁二烯-苯乙烯共聚物（ABS） 应用范围：汽车仪表板、方向盘、保险杠、通风管等，计算机、复印机、洗衣机、电视机、电冰箱、空调器外壳等，收缩率为 0.4%～0.7%。

⑥ 聚甲醛（POM） 应用范围：齿轮、轴承、螺栓、螺母、管道阀门、泵壳体等。收缩率 2%～3.5%。

⑦ 有机玻璃（PMMA） 应用范围：灯箱、招牌、指示牌，汽车仪表盘等。收缩率 0.5%～0.7%。

⑧ 聚碳酸酯（PC） 应用范围：齿轮、齿条、蜗轮、蜗杆、轴承、凸轮、螺栓等。收缩率 1.9%～2.3%。

⑨ 尼龙（PA） 应用范围：轴套、轴瓦、衬套、齿轮、叶轮、叶片等。收缩率 1.0%～2.0%，加入 30% 玻纤增强 PA6 收缩率 0.3%～0.5 %。

以上列举一些常用塑料的性能及应用，还有很多可以查询相关塑料手册。

（3）塑料模具型腔型芯工作尺寸的计算

模具与塑件在成型温度和室温下的关系见式（4-1）、式（4-2），比较简单，但实际设计时既要考虑塑件的制造公差、模具的制造公差，还要考虑模具型腔型芯使用一段时间的磨损等。所以塑料模具型腔型芯工作尺寸（成型部分尺寸）按照以下方法计算。

① 型腔径向和深度尺寸的计算 塑件如图 4-2 所示，塑件的制造公差 Δ 的标注如果没有特殊要求，一般是按照"入体"（基轴基孔制）原则，实际应用中塑件的具体的制造公差可根据使用要求来标注。

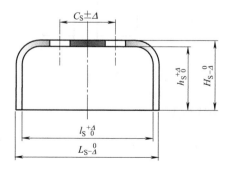

图 4-2 塑件

型腔与塑件的关系如图 4-3 所示：

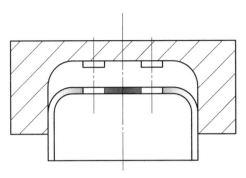

图 4-3　型腔与塑件的关系

型腔径向 L_M、深度 H_M 计算公式：

$$L_M=\left(L_S+L_S S_{CP}-\frac{3}{4}\Delta\right)_0^{+\delta_z} \tag{4-3}$$

$$H_M=\left(H_S+H_S S_{CP}-\frac{2}{3}\Delta\right)_0^{+\delta_z} \tag{4-4}$$

式中　L_M——型腔径向尺寸，mm；

　　　H_M——型腔深度尺寸，mm；

　　　L_S——塑件外径向尺寸，mm；

　　　H_S——塑件高度尺寸，mm；

　　S_{CP}——塑件平均收缩率，%；

　　　Δ——塑件的制造公差（见表 4-1），mm；常用塑件的尺寸公差等级的选用见表 4-2；

　　　δ_z——模具制造公差，mm，按"入体"原则标注，型腔为孔类按单向正偏差标注，可按照 IT6 选用，或按经验选 0.02mm。

② 型芯径向、高度尺寸的计算尺寸　型芯与塑件的关系如图 4-4 所示。

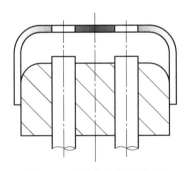

图 4-4　型芯与塑件的关系

型芯径向 l_M、深度 h_M 计算公式：

$$l_M=\left(l_S+l_S S_{CP}+\frac{3}{4}\Delta\right)_{-\delta_z}^0 \tag{4-5}$$

$$h_M=\left(h_S+h_S S_{CP}+\frac{2}{3}\Delta\right)_{-\delta_z}^0 \tag{4-6}$$

式中 l_M——型芯径向尺寸，mm；

　　h_M——型芯深度尺寸，mm；

　　l_S——塑件内径向尺寸，mm；

　　h_S——塑件内深度尺寸，mm；

　　S_{CP}——塑件平均收缩率，%；

　　δ_Z——模具制造公差，mm，按"入体"原则标注，型芯为轴类按单向正偏差标注可按照 IT6 选用，或按经验选 0.02mm。

③ 中心距的计算

$$C_M = C_S + C_S S_{CP} \pm \frac{1}{2}\delta_Z \tag{4-7}$$

式中 C_M——型芯中心距尺寸，mm；

　　C_S——塑件孔中心距尺寸，mm；

　　S_{CP}——塑件平均收缩率，%；

　　δ_Z——模具制造公差，mm，可按照 IT6 选用，或按经验选 0.02mm。

由于塑件产品的尺寸很多（有的有上百个尺寸以上），需要复杂的计算，所以我们现在实际在设计塑料模具时，采用专门设计软件，根据需要在工具栏中为零件指定收缩率（1+S），然后点击完成即可。

在选择塑件平均收缩率 S_{CP} 时，可以参考各种手册，但最好是了解企业常用的塑料树脂供应商所提供的塑料树脂牌号，并根据塑料树脂牌号给定的收缩率来制定模具设计的塑件平均收缩率 S_{CP}，以减少由于收缩率给塑料零件带来的质量问题。

表 4-1　塑件的制造公差（GB/T 14486—2008）

塑件基本尺寸/mm	精度等级												
	MT1		MT2		MT3		MT4		MT5		MT6		MT7	
	塑件的制造公差 Δ /mm												
	A	B	A	B	A	B	A	B	A	B	A	B	A	B
3～6	0.08	0.16	0.12	0.22	0.14	0.34	0.18	0.38	0.24	0.44	0.32	0.52	0.48	0.68
6～10	0.09	0.18	0.14	0.24	0.16	0.36	0.20	0.40	0.28	0.48	0.38	0.58	0.58	0.78
10～14	0.10	0.20	0.16	0.26	0.18	0.38	0.24	0.44	0.32	0.52	0.46	0.68	0.68	0.88
14～18	0.11	0.21	0.18	0.28	0.20	0.40	0.28	0.48	0.38	0.58	0.54	0.74	0.78	0.98
18～24	0.12	0.22	0.20	0.30	0.24	0.44	0.32	0.52	0.44	0.64	0.62	0.82	0.88	1.08
24～30	0.14	0.24	0.22	0.32	0.28	0.48	0.36	0.56	0.50	0.70	0.70	0.90	1.00	1.20
30～40	0.16	0.26	0.24	0.34	0.32	0.52	0.42	0.62	0.56	0.76	0.80	1.00	1.14	1.34
40～50	0.18	0.28	0.26	0.36	0.36	0.56	0.48	0.68	0.64	0.84	0.94	1.14	1.32	1.52
50～65	0.20	0.30	0.30	0.40	0.40	0.60	0.56	0.76	0.74	0.94	1.10	1.30	1.54	1.74
65～80	0.23	0.33	0.34	0.44	0.46	0.66	0.64	0.84	0.86	1.06	1.28	1.48	1.80	2.00
80～100	0.26	0.36	0.38	0.48	0.52	0.72	0.72	0.92	1.00	1.20	1.48	1.68	2.10	2.30
100～120	0.29	0.39	0.42	0.52	0.58	0.78	0.82	1.02	1.14	1.34	1.72	1.92	2.40	2.60

注：1. A 为不受模具活动部分影响的尺寸公差值；B 为受模具活动部分影响的尺寸公差值；

　　2. 塑件基本尺寸 120～500mm，请查询《塑料模具设计师手册》等工具书。

表 4-2　常用塑件的尺寸公差等级的选用（GB/T 14486—2008）

常用塑料材料			相应的公差等级		
代号	名称		高精度	一般精度	未注公差
ABS	(苯乙烯-丁二烯-丙烯腈)共聚物		MT2	MT3	MT5
HIPS	高冲击强度聚苯乙烯				
PC	聚碳酸酯				
PMMA	聚甲基丙烯酸甲酯				
PS	聚苯乙烯				
PA	聚酰胺(6、66、610、9、1010)	无填料填充	MT3	MT4	MT6
		30％玻璃纤维填充	MT2	MT3	MT5
PVC	软质聚氯乙烯		MT5	MT6	MT7
	未增塑聚氯乙烯		MT2	MT3	MT5
PE	高密度聚乙烯		MT4	MT5	MT7
	低密度聚乙烯		MT5	MT6	MT7
POM	聚甲醛	≤150mm	MT3	MT4	MT6
		>150mm	MT4	MT5	MT7
PP	聚丙烯	无填料填充	MT3	MT4	MT6
		30％无机填料填充	MT2	MT3	MT5
PET	聚对苯二甲酸乙二醇酯	无填料填充	MT3	MT4	MT6
		30％玻璃纤维填充	MT2	MT3	MT5

注：表中未列举的塑料材料，请查询《塑料模具设计师手册》等工具书。

4.1.2　塑料模具的设计基准的选择

(1) 模具型腔型芯尺寸计算方法的选用举例

例如：塑料帽产品如图 4-5 所示，材料 PP，计算模具型腔型芯工作尺寸。

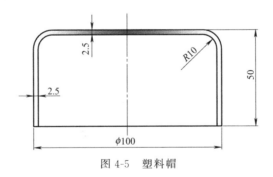

图 4-5　塑料帽

解：由图 4-5 可知，该塑料零件没有标注尺寸公差，按照塑件的尺寸公差 MT6 和"入体"原则标注要求，则外形尺寸公差标注分别为 $\phi100_{-1.48}^{0}$、$\phi50_{-0.94}^{0}$、$R10_{-0.38}^{0}$。内尺寸公差标注分别为 $\phi95_{-1.48}^{0}$、$\phi47.5_{-0.94}^{0}$、$R7.5_{-0.38}^{0}$、PP 收缩率一般为 $1.0\%\sim2.5\%$，平均收缩率 $S_{CP}=1.75\%$。

① 型腔径向 L_M、深度 H_M 尺寸计算

由式（4-3）、式（4-4）得：

$$L_M = \left(L_S + L_S S_{CP} - \frac{3}{4}\Delta\right)_0^{+\delta_z}$$

$$= \left(100 + 100 \times 1.75 \div 100 - \frac{3}{4} \times 1.48\right)_0^{+0.02}$$

$$= 100.64_0^{+0.02}$$

$$H_M = \left(H_S + H_S S_{CP} - \frac{2}{3}\Delta\right)_0^{+\delta_z}$$

$$= \left(50 + 50 \times 1.75 \div 100 - \frac{2}{3} \times 0.94\right)_0^{+0.02}$$

$$\approx 50.25_0^{+0.02}$$

② 型芯径向 l_M、深度 h_M 尺寸计算

由式（4-5）、式（4-6）得：

$$l_M = \left(l_S + l_S S_{CP} + \frac{3}{4}\Delta\right)_{-\delta_z}^0$$

$$= \left(95 + 95 \times 1.75 \div 100 + \frac{3}{4} \times 1.48\right)_{-0.02}^0$$

$$\approx 97.77_{-0.02}^0$$

$$h_M = \left(h_S + h_S S_{CP} + \frac{2}{3}\Delta\right)_{-\delta_z}^0$$

$$= \left(47.5 + 47.5 \times 1.75 \div 100 + \frac{2}{3} \times 0.94\right)_{-0.02}^0$$

$$\approx 48.96_{-0.02}^0$$

③ 圆角 $R10$ 的尺寸计算

由式（4-3）、式（4-4）得：

$$R_M = \left(10 + 10 \times 1.75 \div 100 - \frac{3}{4} \times 0.38\right)_0^{+0.02}$$

$$= 9.89_0^{+0.02}$$

$$r_M = \left(7.5 + 7.5 \times 1.75 \div 100 + \frac{3}{4} \times 0.38\right)_{-0.02}^0$$

$$\approx 7.92_{-0.02}^0$$

通过计算可以看出，每个尺寸都计算的话很烦琐，如果塑料件保证外形尺寸的话，仅计算型腔尺寸即可，型芯尺寸用计算型腔的尺寸减去塑件壁厚；如果塑料件保证内形尺寸的话，仅计算型芯尺寸即可，型腔尺寸用计算型芯的尺寸加上塑件壁厚。

（2）模具的设计基准的选择

如图 4-6 所示，塑料模具设计基准选择在型腔、型芯工作尺寸确定后，以型腔、型芯工作尺寸为设计基准，往上是型腔的安装和固定（或直接浇口、点浇口），以及模具定模座板与注

塑机定模板的安装等结构设计，往下是型芯的安装和固定、动模座板与注塑机动模板的安装等结构设计，往左、往右是侧浇口、导柱和导套、固定螺栓、卸料螺栓、销钉等结构设计。

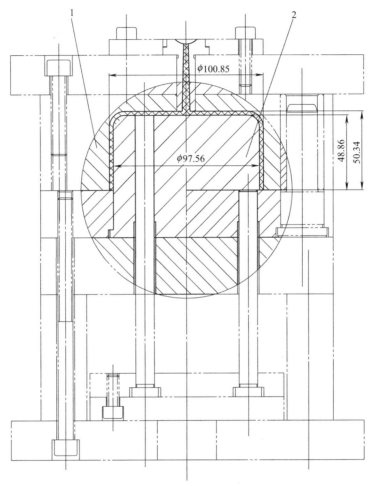

图 4-6　塑料模具设计基准选择

1—型腔；2—型芯

4.2 怎样选择模具结构

4.2.1　分型面的选择

塑料模具分为动、定模两部分，分型面的选择决定模具结构。

（1）分型面

分开模具能取出塑件的面，称作分型面，其他的面称作分离面或称分模面，注射模只有一个分型面。分型面的方向尽量采用与注塑机开模呈垂直方向，形状有平面、斜面、曲面。

（2）分型面的选择原则

① 分型面一般选在塑件最大轮廓处，如图 4-7 所示；

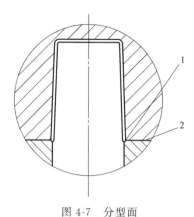

图 4-7　分型面

1—最大轮廓处；2—分型面

② 使塑件留在动模一边，利于脱模；

③ 尽量保证塑件表面没有分模痕迹；

④ 便于模具加工；

⑤ 保证塑件尺寸精度；

⑥ 便于排气，避免塑件注射不满和表面产生气烧。

4.2.2　浇注系统的选择

注射机将熔融塑料经浇注系统注入模具型腔，浇注系统的选择决定模具结构。

（1）浇注系统

如图 4-8 所示，浇注系统是指模具中从注射机喷嘴接触处到型腔为止的塑料熔体的流动通道。作用：输送流体和传递压力 。

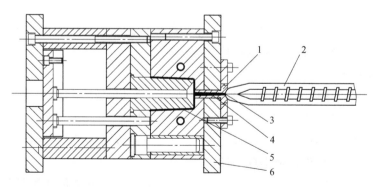

图 4-8　浇注系统

1—浇口套；2—注射机；3—注射机喷嘴；4—流动通道；5—型腔；6—模具

（2）浇注系统的组成及设计原则

① 组成　如图 4-9 所示，由主流道、分流道、浇口、冷料穴等结构组成。

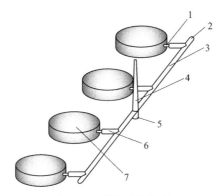

图 4-9　浇注系统组成

1—浇口；2—冷料穴；3—第一分浇道；4—主浇道；5—冷料穴；6—第二分浇道；7—型腔

② 浇注系统的设计原则　在设计浇注系统时应考虑下列有关因素。

a. 塑料成型特性：设计浇注系统应适应所用塑料的成型特性的要求，以保证塑件质量。

b. 模具成型塑件的型腔数：设置浇注系统还应考虑到模具是一模一腔或一模多腔，浇注系统需按型腔布局设计。

c. 塑件大小及形状：根据塑件大小、形状壁厚、技术要求等因素，结合选择分型面同时考虑设置浇注系统的形式、进料口数量及位置，保证正常成型，还应注意防止流料直接冲击嵌件及细弱型芯受力不均以及应充分估计可能产生质量弊病的部位等问题，从而采取相应的措施或留有修整的余地。

d. 塑件外观：设置浇注系统应考虑到去除、修整进料口方便，同时不影响塑件的外表美观。

e. 注射机安装模板的大小：在塑件投影面积比较大时，设置浇注系统应考虑到注射机模板大小是否允许，并应防止模具偏单边开设进料口，造成注射时受力不匀。

f. 成型效率：在大量生产时设置浇注系统还应考虑到在保证成型质量的前提下尽量缩短流程，减少断面积以缩短填充及冷却时间，缩短成型周期，同时减少浇注系统损耗的塑料。

g. 冷料：在注射间隔时间，喷嘴端部的冷料必须去除，防止注入型腔影响塑件质量，故设计浇注系统时应考虑储存冷料的措施。

(3) 主流道设计

如图 4-10 所示，指喷嘴口起到分流道入口处止的一段，与喷嘴在一轴线上，料流方向不改变。其形状大小直接影响塑胶的流动速度和注塑时间。

① 便于流道凝料从浇口套中拔出，主流道设计成圆锥形。锥角 $\alpha = 2° \sim 4°$，粗糙度 $Ra \leqslant 0.4 \mu m$，与喷嘴对接处设计成半球形凹坑 [$R =$ 喷嘴球面半径 $+ (1 \sim 2)$ mm]，球半径略大于喷嘴头半径 [$d =$ 喷嘴孔径 $+ (0.5 \sim 1)$ mm]，d 尺寸根据塑件和模具的大小有 2mm、2.5mm、3mm、3.5mm、4mm、4.5mm、5mm、6mm 几种尺寸，$H = 1/3R$，$D = 4 \sim 12mm$。主流道的长度 L，根据模具具体结构具体确定。

② 主流道要求耐高温和摩擦，要求设计成可拆卸的浇口套，以便选用 T8A、T10A、SKD61、H13 等，热处理硬度 $50 \sim 55HRC$。

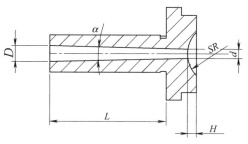

图 4-10 主流道设计

③ 浇口套大端或外套定位环高出模具定模板 5～10mm，并与注射机定模板的定位孔成间隙配合，保证模具安装时浇口套中心与注射机喷嘴中心一致。

（4）分流道设计

① 分流道的截面形式 如图 4-11 所示，流道的截面形状会影响到塑料在浇道中的流动以及流道内部的熔融塑料的体积。分流道的截面各自特征表 4-3 所示。

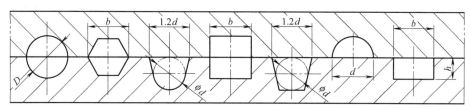

图 4-11 分流道的截面形式

表 4-3 分流道的截面各自特征

分流道截面形状	分流道截面尺寸		热量损失	加工性能	流动阻力	选用情况
圆形	D		最小	最难(不宜对中)	小	常用
正六角形	$b=1.1D$		小	较难	小	不用
U 形	$d=0.912D$		较小	易	小	常用
正方形	$b=0.886D$		较大	难	大	不用
梯形	$d=0.879D$		大	易	较小	常用
半圆形	$d=1.414D$		更大	较易	较大	常用
矩形	h	$b/2$	$1.253D$	最大	最易	大	不用
		$b/4$	$1.772D$				
		$b/6$	$12.171D$				

② 分流道的分流道截面尺寸的选用 一般根据塑件产品材料、质量，在分型面上的投影面积，分流道的长度等而定。一般塑件质量大，投影面积大，D 尺寸大。流动性好，D 尺寸小。具体选用见表 4-4、表 4-5 综合考虑选用。

表 4-4 产品质量、分型面上的投影面积与分流道直径 D

流道直径 D/mm	产品质量/g	投影面积/mm^2
3	85 以下	700 以下
4	85	700

流道直径 D/mm	产品质量/g	投影面积/mm²
6	340	1000
8	340 以上	50000
10		120000
12	大型	120000 以上

表 4-5　塑料材质与分流道直径 D

塑料材质	流道直径 D/mm	塑料材质	流道直径 D/mm
ABS	4.8~9.5	聚碳酸酯(PC)	4.8~9.5
聚苯乙烯(PS)	3.2~9.5	聚酰胺(PA6)	1.6~9.5
聚乙烯(PE)	1.6~9.5	软聚氯乙烯	3.2~9.5
聚丙烯(PP)	4.8~9.5	硬聚氯乙烯	6.4~9.5
有机玻璃	7.9~9.5	聚甲醛(POM)	3.2~9.5

③ 分流道的长度尺寸设计　分流道的长度尺寸要依据塑件产品的结构而定，但是流道长度宜短，少弯折，因为长的流道不但会造成压力损失，不利于生产性，同时也浪费材料。

④ 分流道的表面粗糙度　分流道的表面粗糙度并不要求很低，一般取 $Ra1.6\mu m$，表面稍不光滑，有助于塑料熔体的外层冷却皮层固定。

⑤ 分流道的布置形式　由于塑料件生产量较大，往往采用多型腔，因此需要多个分流道。分流道的布置形式分为平衡式和非平衡式。

a. 平衡式。如图 4-12 所示，平衡式指从主流道到各型腔的分流道和浇口其长度、形状、断面尺寸都是对应相等。

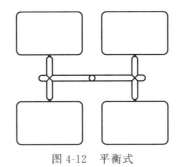

图 4-12　平衡式

b. 非平衡式。如图 4-13 所示，平衡式指从主流道到各型腔的长度不一样。

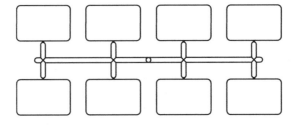

图 4-13　非平衡式

为了达到平衡式的注塑效果，采用自然平衡和人工平衡形式，如图 4-13 所示。

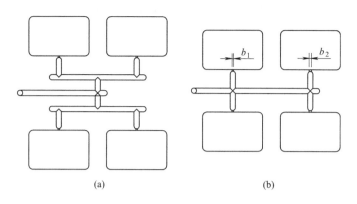

图 4-14　自然平衡和人工平衡形式

自然平衡如图 4-14（a）所示。通过改进分流道的走向结构形式，使其成为平衡式。

人工平衡如图 4-14（b）所示。通过调整浇口尺寸，靠近主流道浇口尺寸 b_1 设计得小于远离主流道的浇口尺寸 b_2。

对于分流道平衡式和非平衡式排列的原则是尽可能使熔融塑料从主流道到各浇口的距离相等，使型腔压力中心尽可能与注射机的中心重合，使锁模力平衡。排列紧凑，流程尽量短。

(5) 浇口的类型和设计

浇口指流道末端与型腔之间的细小通道。其作用是对塑料熔体流入型腔起着控制作用，当注塑压力撤销后，封锁型腔，使型腔中尚未冷却固化的塑料不会倒流。浇口的常见形式：

① 直接浇口　如图 4-15 所示，特点：

a. 熔体从喷嘴直接通过浇口进入型腔，流程短，进料速度快，成型效果好；

b. 模具结构简单，易于制造，成本较低；

c. 直浇口的截面积大，浇口凝料的除去较困难，且浇口去除后痕迹比较明显，影响制品美观。

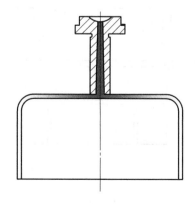

图 4-15　直接浇口

② 侧浇口　如图 4-16 所示，特点：

a. 适于一模多件，能大大提高生产效率，去除浇口方便；

b. 形状简单，加工方便，尺寸容易准确控制；

c. 试模时，如发现不适当，容易及时修改；

d. 排气不便，易产生熔接痕。

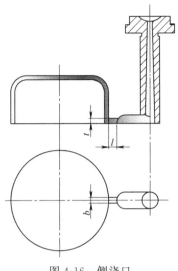

图 4-16　侧浇口

侧浇口的经验尺寸见表 4-6。

表 4-6　侧浇口的经验尺寸　　　　　　　　　　　　　mm

尺寸	一般件	大型复杂件
t	0.5～1.5	2～2.5
b	1.5～5	7～10
l	1.5～2.5	2～3

③ 点浇口　如图 4-17 所示，特点：

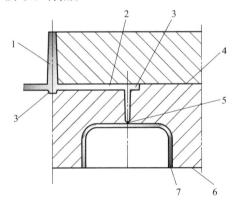

图 4-17　点浇口

1—主流道；2—分流道；3—冷料穴；4—第二分型面；5—点浇口；6—第一分型面；7—塑件

a. 在浇口脱模之时，可以自动从产品处切除，适合自动化生产；

b. 对于较大的制品可多点同时进胶，能够缩短流程，减少因流动阻力而产生的变形现象发生，但注射压力损失大；

c. 多数要采用三板模（又称双分型面）结构，模具结构较复杂。

点浇口结构和尺寸，多型腔或单型腔多点进料如图 4-18（a）所示，对于浇口脱落后有平面要求的如图 4-18（b）所示。

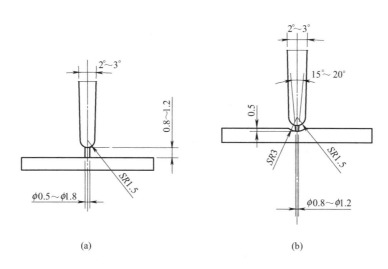

图 4-18 点浇口结构和尺寸

④ 潜伏式浇口 如图 4-19 所示，特点：

a. 在浇口脱模之时，可以自动从产品处切除，适合自动化生产；

b. 进料部位选在制品较隐蔽的地方，以免影响制品的外观；

c. 加工比较困难。

图 4-19（a）潜伏式浇口由一个锥体形成，加工相对方便些。图 4-19（b）由潜伏式浇口经推杆上的二次流道进入型腔。

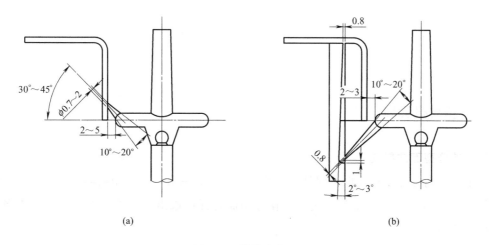

图 4-19 潜伏式浇口

（6）冷料穴与拉料杆的设计

① 冷料穴　如图 4-20 所示，冷料穴是防止注塑时冷料射入型腔，使塑件产生缺陷。注射时熔融的塑料从主流道或分流道先进入冷料穴，然后再流出进入型腔，这样之前主流道或分流道黏结一些塑料或杂质堆积在冷料穴，避免进入型腔。

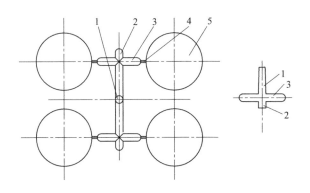

图 4-20　冷料穴

1—主流道；2—冷料穴；3—分流道；4—浇口；5—型腔

② 拉料杆　各种形状的拉料杆如图 4-21 所示，保证每次开模时将主流道从浇口套中拉出来。

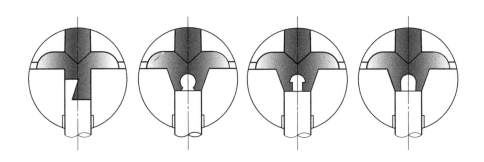

图 4-21　拉料杆

4.2.3　塑料模具典型结构

（1）单分型面注射模

动定模之间分开模具能取出塑件的面称作分型面，只有一个分型面的称为单分型面注射模，如图 4-22 所示。浇注凝料和塑件都在分型面打开后取出。一般在直接浇口、侧浇口浇注系统中使用。

单分型面注射模工作过程如图 4-23 所示。

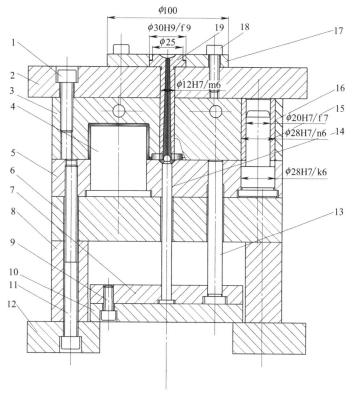

图 4-22 单分型面注射模

1,9,11,18—螺钉；2—定模板；3—定模（型腔）；4—型芯；5—动模；6—支承板；7—推板固定板；8—垫板；

10—推板；12—动模板；13—复位杆；14—拉料杆；15—导柱；16—导套；17—定位圈；19—浇口套

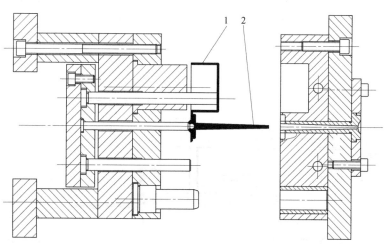

图 4-23 单分型面注射模工作过程

1—塑件；2—浇注凝料

（2）双分型面注射模

模具动定模之间有两个分型面的称为双分型面注射模，如图 4-24 所示。浇注凝料和塑件分别在两个分型面打开后取出。一般在点浇口、潜伏式浇口浇注系统中使用。

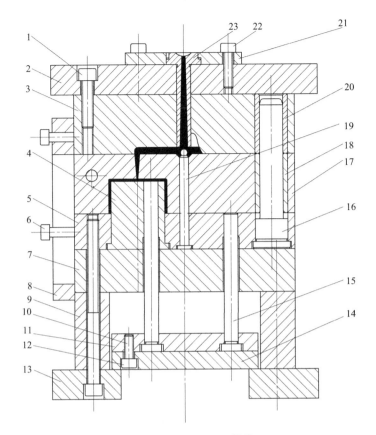

图 4-24　双分型面注射模

1,6,10,12,22—螺钉；2—定模板；3—定模（型腔）；4—型芯；5—动模；7—支承板；8—拉料板；
9—垫板；11—推板固定板；13—动模板；14—推板；15—复位杆；16—导柱；
17—推件板；18,20—导套；19—拉料杆；21—定位圈；23—浇口套

双分型面注射模工作过程如图 4-25 所示。

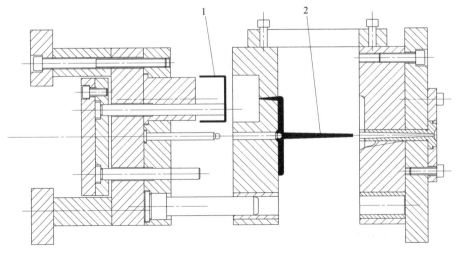

图 4-25　双分型面注射模工作过程

1—塑件；2—浇注凝料

4.3 怎样选择模具零件结构设计

4.3.1 成型零件设计

(1) 型腔零件设计

① 整体式型腔　如图 4-26 所示。结构特点：牢固、不易变形，塑件质量好，无拼接线痕。但加工困难，热处理不便。适用范围：形状简单或形状复杂但型腔可用电火花和数控加工的中小型塑件。

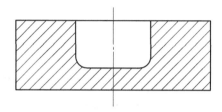

图 4-26　整体式型腔

② 组合式型腔　由整块金属材料加工成并镶入模套中的，如图 4-27 所示。圆形或对称型腔可采用图 4-27 (a) 所示镶拼，圆形非对称采用图 4-27 (b) 所示镶拼，增加销钉或螺栓防止转动。

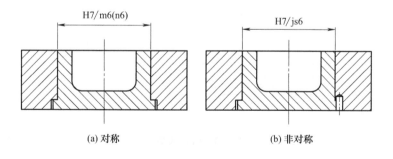

(a) 对称　　　　　　　　　　　(b) 非对称

图 4-27　型腔整块镶入

局部镶嵌式凹模是将型腔中不易加工的和易磨损的部位做成镶件嵌入模体中，如图 4-28 所示。结构特点：易磨损镶件部分易加工易更换，但易造成飞边。

(2) 型芯零件设计

① 整体式型芯　适用形状简单的型芯，如图 4-29 所示。

② 组合式型芯　适用不易加工、不易抛光或形状较复杂的型芯，如图 4-30 所示。

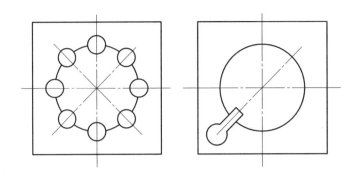

图 4-28　局部镶嵌式型腔

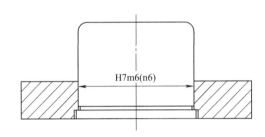

图 4-29　整体式型芯

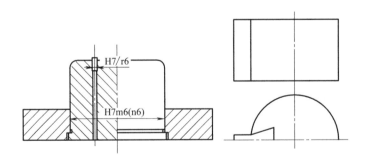

图 4-30　组合式型芯

4.3.2　浇注系统零件设计

浇注系统是由主流道、分流道、浇口、冷料穴等结构组成。分流道、浇口一般设计在定模板和动模板上，冷料穴一般设计在定模板和拉料杆上，主流道的设计实际相当于一个管状零件，使熔融的塑料越过定模座板、推料板、定模板（板与板之间有缝隙）等进入模具型腔。具体设计见图 4-9。

4.3.3 推出机构零件设计

推出机构（脱模机构）是开模后，塑件会包在型芯上或留在型腔里，把塑件和浇注系统从型腔中或型芯上脱出来的机构。

（1）推杆

如图 4-31 所示推杆推出机构和推出原理，推杆的基本形式如图 4-32 所示。常用的有直通式推杆、阶梯式推杆。

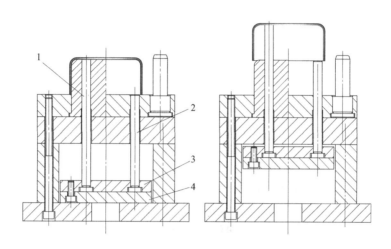

图 4-31 推杆推出机构和推出原理

1—推杆；2—复位杆；3—推杆固定板；4—推板

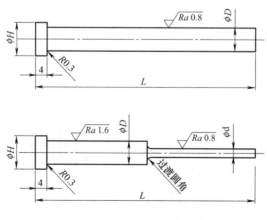

图 4-32 推杆的基本形式

推杆的材料常用 T8A、T10A 等碳素工具钢或 65Mn 弹簧钢等，前者的热处理要求硬度为 50～55HRC，后者的热处理要求硬度为 45～50HRC。

（2）推管

如图 4-33 所示推管推出机构和推出原理，适合中间有孔塑件的顶出。

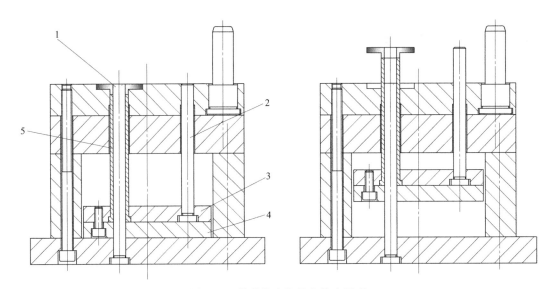

图 4-33　推管推出机构和推出原理

1—型芯（推杆）；2—复位杆；3—推杆固定板；4—推板；5—推管

（3）推件板

如图 4-34 所示，推件板推出机构和推出原理。推件板顶出机构是在塑件的整个周边端面上进行顶出，这种顶出机构作用面积大，顶出力大而均匀，运动平稳，并且在塑件上无顶出痕迹，所以常用于顶出支承面很小的塑件，如薄壁容器及各种罩壳类塑件，推件板一般需经淬火处理，以提高其耐磨性。

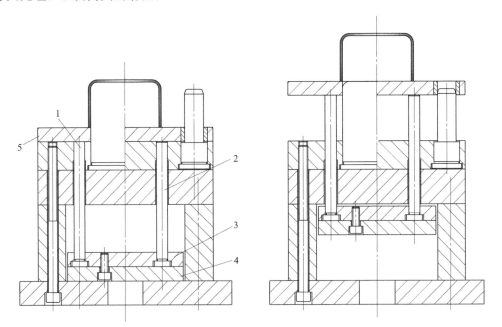

图 4-34　推件板推出机构和推出原理

1—推杆；2—复位杆；3—推杆固定板；4—推板；5—推件板

如果塑件带有圆角，推件板型芯之间采用 10°锥面配合，如图 4-35 所示。

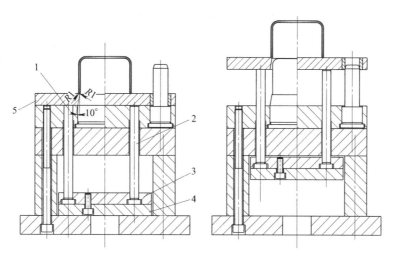

图 4-35 锥面配合推件板推出机构和推出原理

1—推杆；2—复位杆；3—推杆固定板；4—推板；5—推件板

(4) 推出机构设计原则

① 推杆位置设置如图 4-36 所示，在塑件不易变形、阻力大的地方，如塑件上的筋、边缘等地方。

② 推杆应均匀布置，使塑件推出时受力均匀、平稳，不变形。

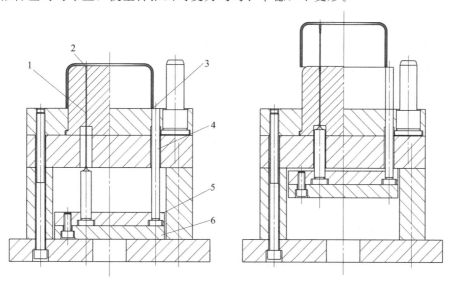

图 4-36 推杆位置设置

1—细推杆；2—塑件筋；3—塑件边缘；4—推杆；5—推杆固定板；6—推板

4.3.4 合模导向机构零件设计

(1) 作用

① 合模导向机构合模时，引导动、定模正确合模，避免型芯或凸模先行进入凹模型腔

内，保证动、定模按照正确的位置闭合以形成所要求的型腔。

② 承受侧压力。导向机构要有足够的强度和刚度，能承受一定的侧压力，保证模具的正常工作。包括注射时高压熔体对型腔侧壁的作用力有可能使型腔扩张变形或产生单向侧压力。

（2）导向机构的形式

① 导柱导套导向机构　一般常采用导柱导套导向机构定位（见图 4-37），但是在注射成型精度要求高的大型、薄壁、深腔塑件时或型腔、型芯侧面压力较大的塑件时，模具要承受一定的注射压力，会使动、定模产生错位，而导柱、导套被作为导向机构使用，不能防止动、定模产生的错位，特别是易产生型腔或型芯偏移，所以还要增加采用锥面定位导向结构。

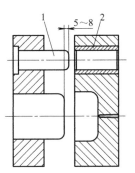

图 4-37　导柱导套导向定位

1—导柱；2—导套

a. 导柱零件设计。导柱零件设计如图 4-38 所示。有带润滑油沟，如图 4-39 所示。导柱、导套材料可选用 T8、T10、Cr12、Cr12MoV 等材料，或采用 20 钢表面渗碳，热处理硬度 55～60HRC。

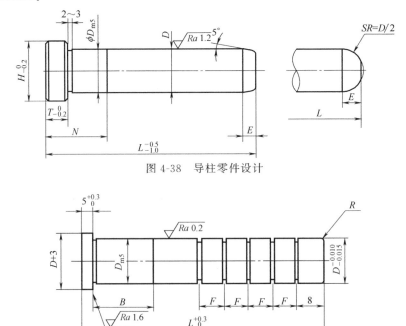

图 4-38　导柱零件设计

图 4-39　带润滑油沟导柱零件设计

b. 导套零件设计。导套零件设计如图 4-40 所示。导套材料可选用 T8、T10、Cr12、Cr12MoV 等材料，或采用 20 钢表面渗碳，热处理硬度 55～60HRC。

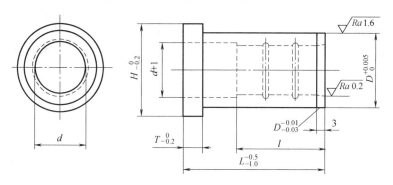

图 4-40 导套零件设计

② 锥面定位导向结构　为了使动、定模合模准确，防止动、定模相互间位置产生错位，增强型腔侧面承受注射压力，往往采用动、定模锥面定位结构，如图 4-41 所示。或采用如图 4-42 所示的锥面定位块定位结构。

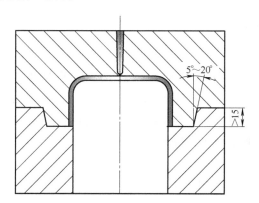

图 4-41 动、定模板锥面定位

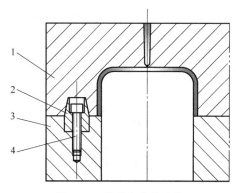

图 4-42 锥面定位块定位

1—定模板（型腔）；2—锥面定位块；3—动模板；4—内六角螺栓

锥面定位块如图 4-43 所示，已经标准化生产。

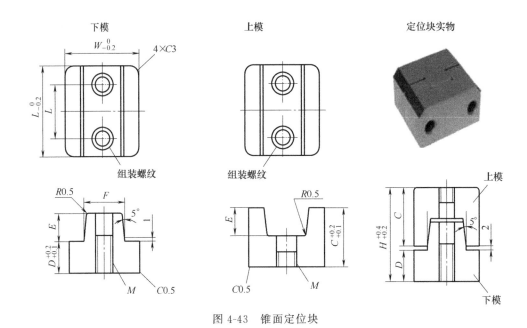

图 4-43　锥面定位块

4.3.5　限位分距零件设计

如图 4-44 所示，为了保证模具开模时，先打开 H_a 再打开 H_b 的顺序，设计了分离弹簧 3、限位拉杆 4、限位螺栓 6 等。开模时在分离弹簧 3 作用下，H_a 先打，将浇口拉断、分流道脱离，然后随着模具继续开模，限位拉杆 4 拉动流道板 5 打开 H_b，使浇注系统（主流道、分流道）脱离浇口套和流道板，继续开模分型面 H_c 打开。

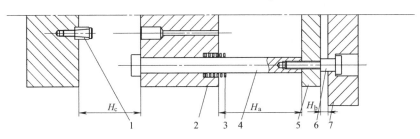

图 4-44　限位分距零件

1—尼龙锁扣；2—定模板；3—分离弹簧；4—限位拉杆；5—流道板；6—限位螺栓；7—定模座板

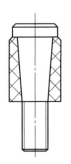

图 4-45　尼龙锁扣

为了保证先打开 H_a 再打开 H_b 的顺序，一般在分型面设置了尼龙锁扣 1（见图 4-45）或 T 形锁扣（见图 4-46）等，保证分型面有一定的夹紧力。

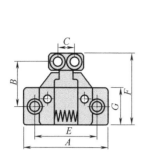
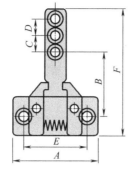

图 4-46　T 形锁扣

4.3.6　模架及其零件设计

塑料模具的模架已经标准化，标准模架中之一如图 4-47 所示，各种板类、圆柱类零件根据需要选取合适的标准模架尺寸即可。

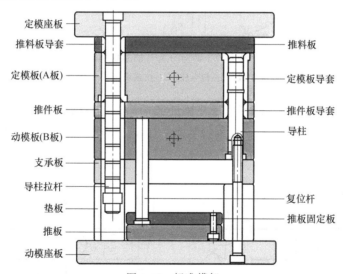

图 4-47　标准模架

4.3.7　侧向分型与抽芯机构零件设计

(1) 斜导柱设计

如图 4-48 所示塑件侧向有 ϕD 孔，与上下开模方向垂直，需要采用侧向分型与抽芯机构。如图 4-49 所示，斜导柱 2 的倾斜角 α 一般为 $12°\sim22°$，最大不超过 $25°$。为了楔紧块 3 与斜滑块 4 锁紧和避免干涉，楔紧块 3 的角度 $\alpha' = \alpha + (2\sim3)°$，斜导柱 2 与定模板 1 之间用过渡配合 H7/m6。为了斜导柱灵活地驱动滑块，斜导柱 2 和斜滑块 4 间采用比较松的间隙配合，如 H7/f6 或留有 $0.5\sim1$mm 的间隙。侧向移动距离 $S_{抽} = h + (2\sim3)$mm。

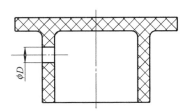

图 4-48　塑件侧向有 ϕD 孔

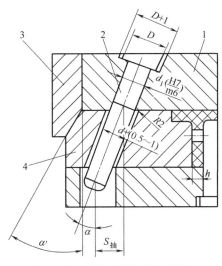

图 4-49　侧向分型与抽芯机构

1—定模板；2—斜导柱；3—楔紧块；4—斜滑块

　　斜导柱如图 4-50 所示，头部可以做成的圆弧形，也可以做圆锥形，必须注意圆锥部的斜角一定要大于斜导柱的倾斜角，以免斜导柱的有效长度离开滑块时，其头部仍然继续驱动滑块。斜导柱材料和热处理参考冲压模具导柱零件设计。

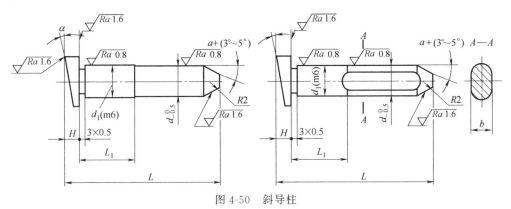

图 4-50　斜导柱

　　斜导柱长度的确定，如图 4-51 所示。可用作图法或计算法得到斜导柱长度尺寸。

$$L = l_1 + l_2 + l_4 + l_5 = \frac{D}{2}\tan\alpha + \frac{ha}{\cos\alpha} + \frac{d}{2}\tan\alpha + \frac{S_{抽}}{\sin\alpha} + (5\sim10)\,\text{mm}$$

(2) 斜滑块设计

斜滑块结构如图 4-52（a）所示，斜滑块是型腔的一部分，材料可与型腔材料相同，当

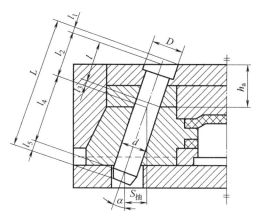

图 4-51　斜导柱长度的确定

斜滑块比较大时，需要在楔紧面加垫板［见图 4-52（b）］，并淬火处理，增加楔紧面硬度和耐磨性。导滑槽结构如图 4-53 所示。

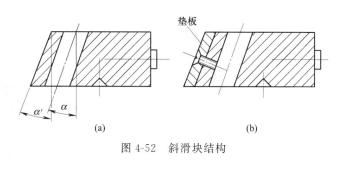

图 4-52　斜滑块结构

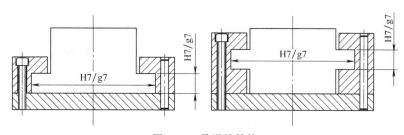

图 4-53　导滑槽结构

　　斜滑块与导滑槽采用 H7/f7 或 H8/f8 配合，滑块在导滑槽中滑动要平稳，不应发生卡滞、跳动等现象。

　　斜滑块定位装置如图 4-54 所示，斜滑块定位装置要灵活可靠，保证开模后滑块停止在一定位置上而不任意滑动。

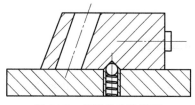

图 4-54　斜滑块定位装置

5.1 塑料水杯产品图

已知：塑料水杯如图 5-1 所示，材料为聚丙烯（PP），年产量为 100 万件。进行塑料水杯模具设计。

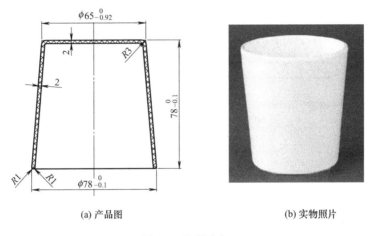

(a) 产品图　　　　　　　　　　(b) 实物照片

图 5-1　塑料水杯

对塑料水杯产品进行分析，该产品结构相对简单，对尺寸精度要求不高，但水杯口的两个 $R1$ 圆角的制作有一定的难度。在浇口设计上可以选择直接浇口、侧浇口、点浇口结构形式，本章作为学习训练，引导讲解三种模具的设计过程。

5.2 塑料模具型腔型芯尺寸的计算

5.2.1 聚丙烯（PP）收缩率计算

在没有给定供应商具体牌号情况下，按照一般收缩率为 1.0%～2.5%，则：

塑件平均收缩率 $S_{CP} = (1.0\% + 2.5\%)/2 = 1.75\%$

5.2.2 塑料模具型腔型芯工作尺寸的计算

(1) 型腔径向、深度尺寸的计算

图 5-1 所示塑料水杯，其外形尺寸分别为 $\phi 78_{-0.1}^{\ 0}$、$\phi 65_{-0.92}^{\ 0}$、$78_{-0.1}^{\ 0}$，则 $\phi 78$、$\phi 65$、78 制造公差 Δ 分别为 1.0mm、0.92mm、1.0mm。按照"入体"原则，即外形尺寸按基轴制分别标注为：$\phi 78_{-1.0}^{\ 0}$、$\phi 65_{-0.92}^{\ 0}$、$78_{-1.0}^{\ 0}$。

由式 (4-3)、式 (4-4) 得：

$$L_M = \left(L_S + L_S S_{CP} - \frac{3}{4}\Delta\right)_{\ 0}^{+\delta_z}$$

$$H_M = \left(H_S + H_S S_{CP} - \frac{2}{3}\Delta\right)_{\ 0}^{+\delta_z}$$

得：

$$L_{M1} = \left(78 + 78 \times 1.75\% - \frac{3}{4} \times 1.0\right)_{\ 0}^{+0.02} = 78.615_{\ 0}^{+0.02}$$

$$L_{M2} = \left(65 + 65 \times 1.75\% - \frac{3}{4} \times 0.92\right)_{\ 0}^{+0.02} \approx 65.448_{\ 0}^{+0.02}$$

$$H_M = \left(78 + 78 \times 1.75\% - \frac{2}{3} \times 1.0\right)_{\ 0}^{+0.02} \approx 78.7_{\ 0}^{+0.02}$$

(2) 型芯径向、高度尺寸的计算尺寸

由于此塑料件的精度要求不高，且标注外形尺寸，所以型芯径向、高度尺寸的计算不按照式 (4-5)、式 (4-6) 所示，仅计算型腔径向、深度尺寸，减去塑件壁厚即为型芯径向、高度尺寸，分别为：

$$l_{M1} = (78.615 - 4)_{-0.02}^{\ 0} = 74.615_{-0.02}^{\ 0}$$

$$l_{M1} = (65.448 - 4)_{-0.02}^{\ 0} = 61.448_{-0.02}^{\ 0}$$

$$h_M = (78.7 - 2)_{-0.02}^{\ 0} = 76.7_{-0.02}^{\ 0}$$

塑料模具型腔型芯工作部分如图 5-2 所示。

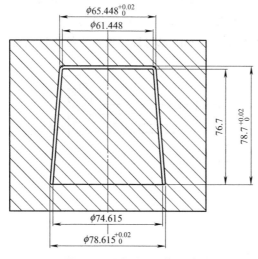

图 5-2　型腔型芯工作尺寸

5.3 塑料模具结构选择

5.3.1 分型面的选择

塑料模具型腔型芯如图 5-2 所示，是个封闭的腔体，熔融的塑料进不去，也无法加工，所以要做出分型面，分型面一般选在塑件最大轮廓处，即 $R1$ 圆角处，如图 5-3 所示。

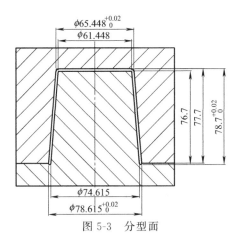

图 5-3　分型面

5.3.2 浇注系统的选择

(1) 直接浇口 (主流道)

由图 5-1 得知，塑料水杯材料为聚丙烯 (PP)，质量约为 34g，在分型面上的投影面积 = 4800mm^2。由表 4-4、表 4-5 得，流道直径 $D = 3 \sim 9.5$mm。由于直接浇口是浇口套直接连接到塑件上，浇口套现在已经标准化，以嘴口小端直径 d 为基准，选用 $d = \phi3$mm 如图 5-4 所示，则 D 尺寸根据 L_j 的长度而定，5～6mm 都可以。模具直接浇口结构设计如图 5-5 所示。

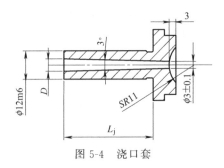

图 5-4　浇口套

(2) 侧浇口

塑料水杯为一般要求塑件，由表 4-6 选择侧浇口尺寸为：厚 $t = 1$mm，宽 $b = 2$mm，长

$l=2$mm。分流道的布置形式为平衡式，侧浇口尺寸如图5-6所示、侧浇口及分流道的结构设计如图5-7所示。

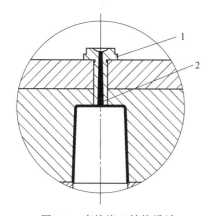

图5-5　直接浇口结构设计

1—浇口套；2—直接浇口

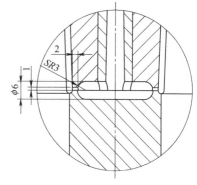

图5-6　侧浇口结构设计

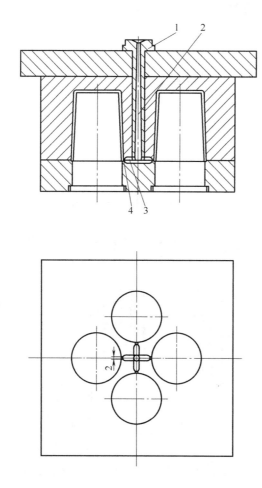

图5-7　侧浇口及分流道的结构设计

1—浇口套；2—直接浇口；3—分流道；4—浇口

（3）点浇口

图 5-8 为点浇口结构和尺寸设计，为了使浇口在拉断后，残料不影响塑料水杯的平整，点浇口处做成凹面，如图 5-8 所示。

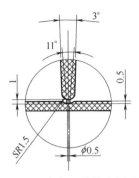

图 5-8　点浇口结构和尺寸

5.4 塑料水杯模具装配图设计

5.4.1　塑料水杯直接浇口塑料模具

塑料水杯直接浇口塑料模具如图 5-9 所示。

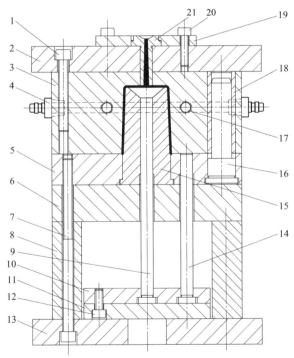

图 5-9　直接浇口塑料模具设计

1，7，12，20—螺栓；2—定模座板；3—定模板；4—水嘴；5—动模板；6—支承板；7—推杆；8—垫板；9—推杆；10—推板固定板；11—推板；13—动模座板；14—复位杆；15—型芯；16—导柱；17—丝堵；18—导套；19—定位环；21—浇口套

直接浇口塑料模具设计为单分型面（两板模）模具结构，由于模具工作时处于动态，因此设计模具结构应考虑不同状态时的注意事项如下：

(1) 动定模打开

如图 5-10 所示，由于塑料收缩的包紧力，使塑件在动模一侧，直接浇口随塑件从浇口套中拉出来，所以浇口套表面粗糙度 Ra 为 $0.4\sim0.8\mu m$。

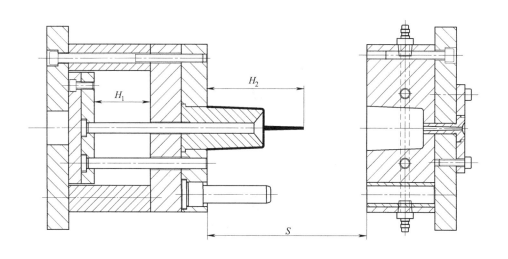

图 5-10　动定模打开

(2) 塑件顶出

如图 5-11 所示。注射机顶杆推动推件板，带动推杆顶出塑件。推出距离≥塑件的高度 H_1，注射机开模行程 $S=H_1+H_2+(5\sim10mm)$，式中，H_1 为塑件高度，H_2 为塑件高度＋直接浇口高度。本设计塑件高度 $H_1=78mm$，$H_2=123.5mm$。则 $S=78+123.5+6.5=208mm$。

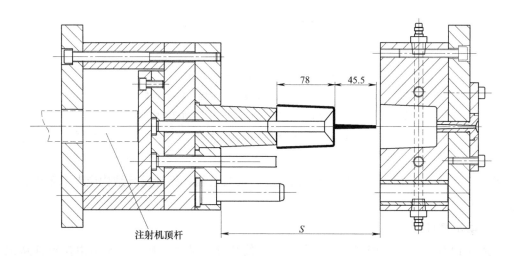

图 5-11　塑件顶出

(3）模具复位

定模板按压复位杆，带动推件板和推板固定板、顶杆复位。

5.4.2 塑料水杯侧浇口塑料模具

塑料水杯侧浇口塑料模具如图 5-12 所示。

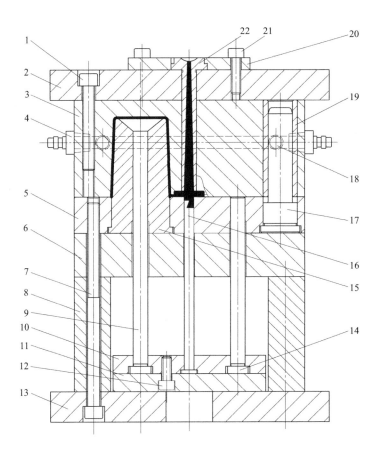

图 5-12　侧浇口塑料模具设计

1,7,12,21—螺栓；2—定模座板；3—定模板；4—水嘴；5—动模板；6—支承板；

8—垫板；9—推杆；10—推板固定板；11—推板；13—动模座板；14—复位杆；

15—型芯；16—拉料杆；17—导柱；18—丝堵；19—导套；20—定位环；22—浇口套

侧浇口塑料模具设计为单分型面（两板模）模具结构，设计模具结构应考虑不同状态时的注意事项如下：

(1）动定模打开

如图 5-13 所示，由于塑料收缩的包紧力，使塑件在动模一侧，主流道由拉料杆从浇口套中拉出来，所以浇口套表面粗糙度 Ra 为 $0.4 \sim 0.8 \mu m$。

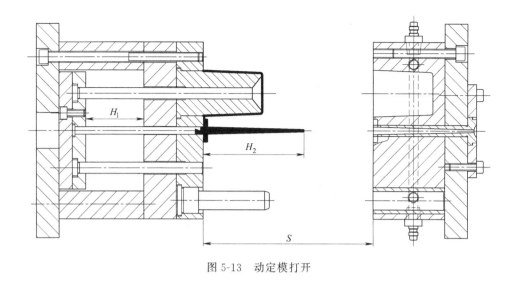

图 5-13　动定模打开

(2) 塑件顶出

如图 5-14 所示，注射机顶杆推动推件板，带动推杆顶出塑件。推出距离 $H \geqslant$ 塑件的高度 H_1，注射机开模行程 $S = H_1 + H_2 + (5 \sim 10\text{mm})$，式中，$H_1$ 为塑件高度，H_2 为主流道高度。本设计塑件高度 $H_1 = 78\text{mm}$，主流道高度 $H_2 = 112\text{mm}$。则 $S = 78 + 112 + 8 = 198\text{mm}$。

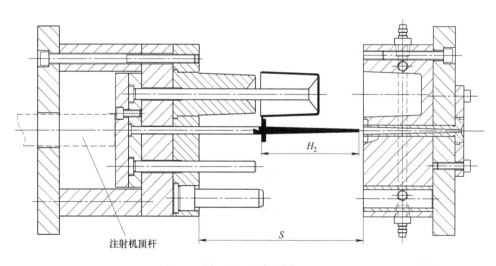

注射机顶杆

图 5-14　塑件顶出

(3) 模具复位

定模板按压复位杆，带动推件板和推板固定板、拉杆、顶杆复位。

5.4.3　塑料水杯点浇口塑料模具（推件板结构）

（1）塑料水杯点浇口塑料模具（推件板结构）设计，如图 5-15 所示。

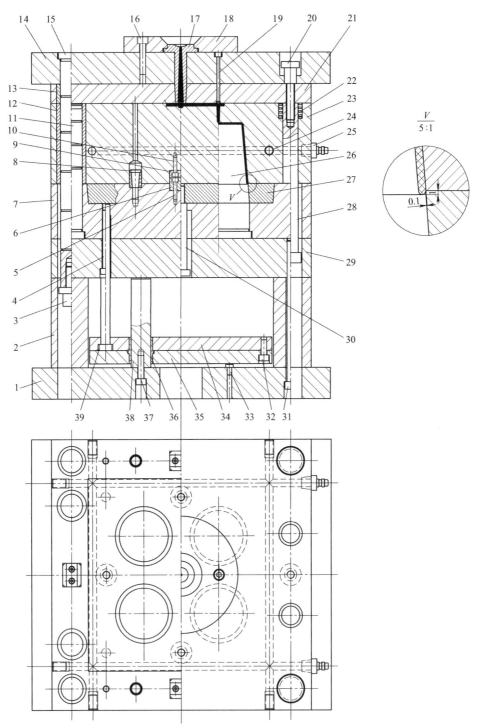

图 5-15　塑料水杯点浇口塑料模具（推件板结构）

1—动模座板；2—垫板；3—拉杆导柱垫；4,5,10,16,31,32,37—螺栓；6—下定位块；7—动模板（B 板）；
8—尼龙锁扣（开闭器）；9—上定位块；11—导柱；12—导套Ⅰ；13—导套Ⅱ；14—定模座板；15—拉杆导柱；
17—浇口套；18—定位环；19—拉料杆；20—限位螺栓Ⅰ；21—推料板；22—拉杆弹簧；23—定模板（A 板）（型腔）；
24—丝堵；25—水嘴；26—型芯；27—推件板；28—拉杆；29—支承板；30—限位螺栓Ⅱ；
33—垃圾钉；34—推板固定板；35—推板；36—导套Ⅲ；38—支承导柱；39—推杆

（2）装配图设计中的注意事项

① 双分型面（三板模）模具开模过程

a. 模具开模后，由于拉杆弹簧 22 弹起和尼龙锁扣（开闭器）8 阻滞的作用，推料板 21 与定模板（A 板）23 之间打开，并拉断浇口，打开到拉杆 28 限位的距离 H_1 后停止，H_1 打开距离应大于浇注系统的高度，如图 5-16 所示。

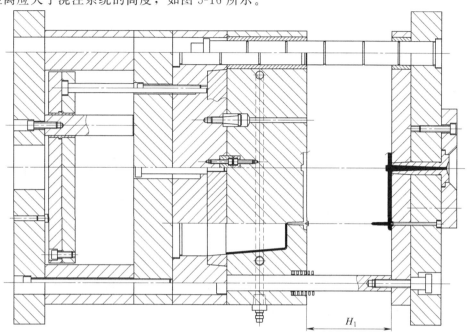

图 5-16　推料板与定模板（A 板）之间打开

b. 继续开模，由于尼龙锁扣（开闭器）8 阻滞的作用，推料板 21 与定模座板 14 之间打开到限位螺栓 Ⅰ 20 限位的距离 H_2（$H_2 = 8 \sim 10\text{mm}$）后停止，使得主流道脱离浇口套 17、分流道脱离拉料杆 19，如图 5-17 所示。

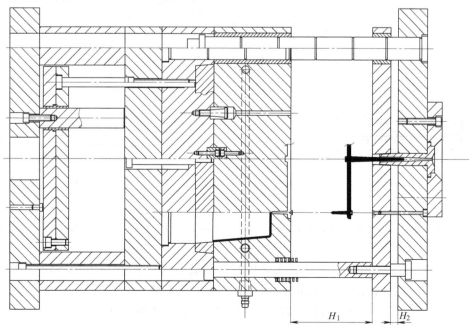

图 5-17　推料板与定模座板之间打开

c. 继续开模，由于拉杆 28 和限位螺栓Ⅰ 20 的作用，推料板 21 与定模板（A 板）23、料板 21 与定模座板 14 之间都无法继续打开，使得定模板（A 板）23 与动模板（B 板）7 之间打开，打开到 H_3 距离后停止，H_3 大于 2 倍塑件高度，以保证塑件推出后，不被推进型腔中而无法取出。如图 5-18 所示。

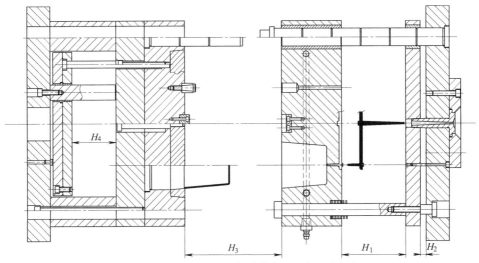

图 5-18　定模板（A 板）与动模板（B 板）之间打开

d. 塑件顶出，如图 5-19 所示。注射机顶杆推动推件板 27，带动推件板 27 顶出塑件。顶出距离 $H_4 \geqslant$ 塑件的高度，以保证塑件脱离型芯 26。支承板 29 与推板固定板 34 之间空间距离 $\geqslant H_4$。

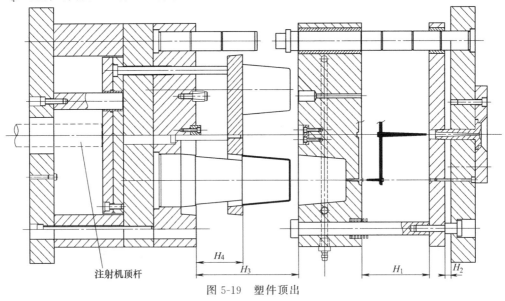

注射机顶杆

图 5-19　塑件顶出

② 模具复位，定模板（A 板）23 按压推件板 27、推杆 40，带动推板 35 和推板固定板 34、限位螺栓Ⅱ 30 复位。

③ 模具的厚度应介于注射机的最大装模厚度和最小装模厚度之间，模具的宽度不能大于注塑机两个导杆之间的距离，定位环 18 直径与注射机定模板上定位孔一致。

注射机开模行程 $S = H_1 + H_2 + H_3 + (5 \sim 10)$ mm，式中，H_1 为浇注系统高度，H_2 取 8～10mm，H_3 为 2 倍塑件高度。

5.4.4 塑料水杯点浇口塑料模具（推杆结构）

塑料水杯点浇口塑料模具（推杆结构）设计，如图5-20所示。

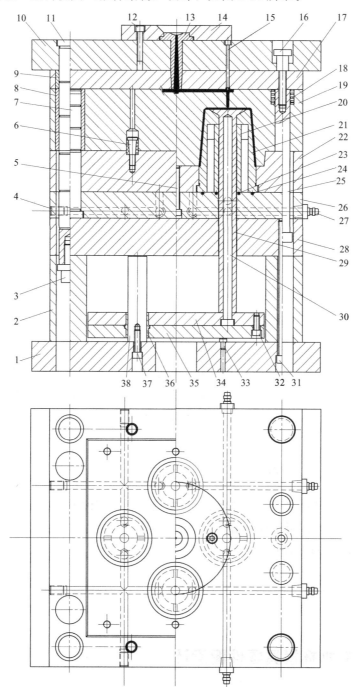

图 5-20 塑料水杯点浇口塑料模具（推杆结构）

1—动模座板（B板）；2—垫板；3—拉杆导柱垫；4—丝堵；5,12,31,32,37—螺栓；6—尼龙锁扣（开闭器）；7—导柱；8—导套Ⅰ；9—导套Ⅱ；10—定模座板；11—拉杆导柱；13—浇口套；14—定位环；15—拉料杆；16—限位螺栓；17—推料板；18—拉杆弹簧；19—定模板（A板）（型腔）；20—冷却水套；21—型芯；22—动模板；23—小密封圈；24—大密封圈；25—拉杆；26—水道板；27—水嘴；28—支承板；29—推杆套；30—推杆；33—垃圾钉；34—推板固定板；35—推板；36—导套Ⅲ；38—支承导柱

图 5-15 推件机构采用的是推件板结构，优点是结构简单，但是在生产一段时间后，V 放大部分的分型面会出现拉毛（飞边毛刺）现象，影响产品的外观质量，所以塑料水杯点浇口塑料模具设计中推件机构可采用推杆结构，如图 5-20 所示。在推杆 30 外面加推杆套 29 增大推出面积，减少塑件变形。锥面定位导向结构由锥面定位块改为动、定模锥面定位结构。冷却水道采用型芯内水道循环如图 5-21 所示（整体冷却水道示意图如图 5-22 所示），冷却均匀、效果好，适合大批量生产，但结构相对复杂，冷却水道要防止漏水。

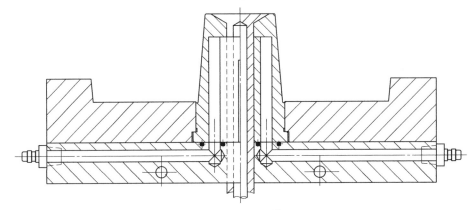

图 5-21　型芯内水道循环

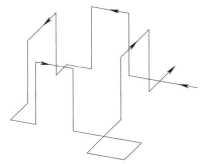

图 5-22　整体冷却水道示意图

5.4.5　模具结构特点分析

通过三种模具结构的设计各自的特点如下：

① 直接浇口模具特点是模具结构简单，制造成本低，易于加工和模具的维修，但一副模只能生产一个产品，而且浇口需要人工用刀切削掉，留下很大疤痕。

② 侧浇口模具特点是模具结构相对简单，一副模可以生产多个产品，但也存在浇口需要人工用刀切削掉，留下疤痕问题，尤其是如水杯等与人的嘴接触的产品，要求塑件表面光滑，不能伤到人。

③ 点浇口模具（推件板、推杆结构）特点是模具结构复杂，一副模可以生产多个产品，但浇口不需要人工用刀切削掉，塑件表面光滑，不会伤到人。还可以采用机械手取件，实现自动化生产。

通过以上分析，选择点浇口模具结构。

5.5 塑料水杯模具零件图设计

塑料模具零件设计采用图 5-15 所示装配图，螺栓 4、5、10、16、31、32、37，下定位块 6、尼龙锁扣（开闭器）8、上定位块 9、拉料杆 19、限位螺栓Ⅰ 20、拉杆弹簧 22、丝堵 24、水嘴 25、限位螺栓Ⅱ 30、垃圾钉 33、推杆 39 等采用标准件和采购件，不再展开设计。

5.5.1 成型零件设计

(1) 型腔零件设计

型腔零件的设计，可以镶拼在定模板（A 板）里，也可做成整体式结构。整体式的，定模板（A 板）也就是型腔零件了，如图 5-23 所示。未注表面粗糙度 $Ra3.2\mu m$，材料选用 P20 预硬塑料模具钢，硬度 $32\sim40HRC$。

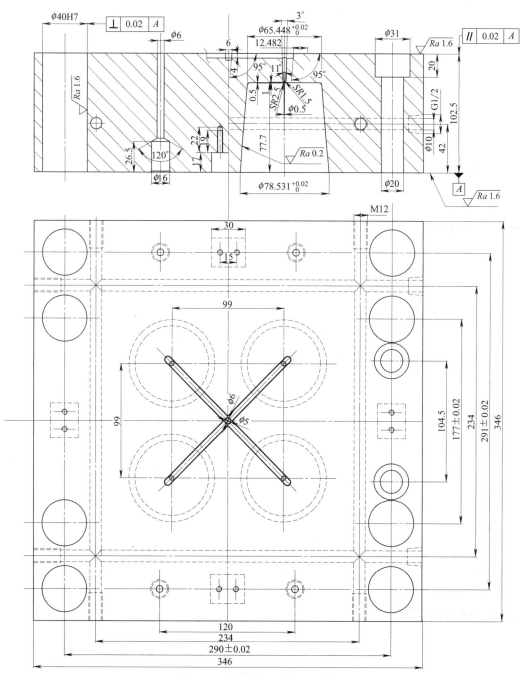

图 5-23　定模板（A 板）（型腔）

（2）型芯零件设计

型芯零件的设计，如图 5-24 所示，一般是镶拼在动模板（B 板）里，未注表面粗糙度 $Ra3.2\mu m$，材料选用 P20 预硬塑料模具钢，硬度 32～40HRC。

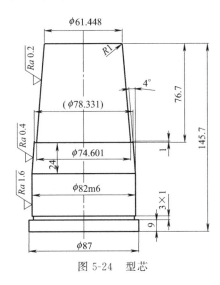

图 5-24　型芯

5.5.2　浇注系统零件设计

（1）浇口套

如图 5-25 所示，未注表面粗糙度 $Ra3.2\mu m$，材料选用 SKD61，热处理硬度 48～52HRC。

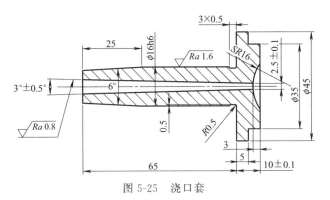

图 5-25　浇口套

（2）定位环

如图 5-26 所示，未注表面粗糙度 $Ra3.2\mu m$，材料选用 45 钢。定位环与注射机的定模板配合，保证浇口套中心与注射机喷嘴中心一致。

5.5.3　推出机构零件设计

如图 5-15 所示，推出机构零件有推件板、推板固定板、推板、推杆、拉料杆，重点进行板类零件的设计。

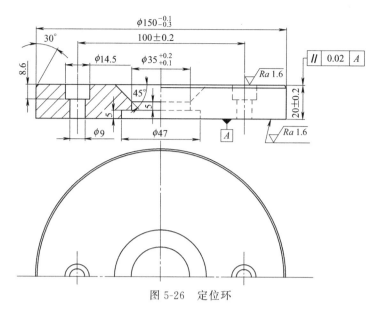

图 5-26　定位环

（1）推件板

如图 5-27 所示，未注表面粗糙度 $Ra3.2\mu m$，材料选用 P20 预硬塑料模具钢，硬度 $32\sim$ 40HRC。

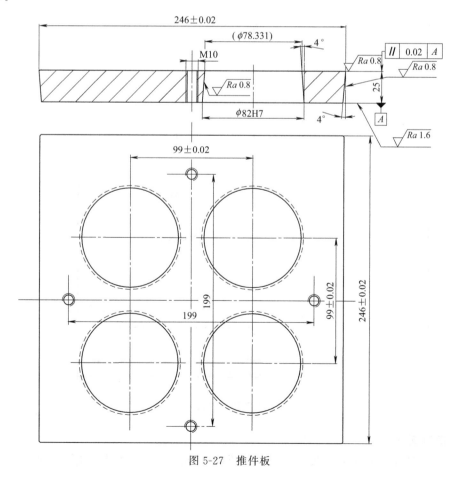

图 5-27　推件板

（2）推板

如图 5-28 所示，未注表面粗糙度 $Ra3.2\mu m$，材料选用 45 钢。

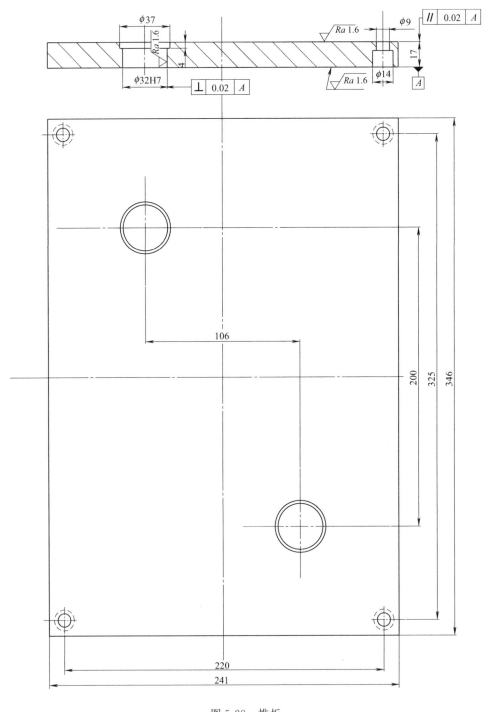

图 5-28　推板

（3）推板固定板

如图 5-29 所示，推板固定板，未注表面粗糙度 $Ra3.2\mu m$，材料选用 45 钢。

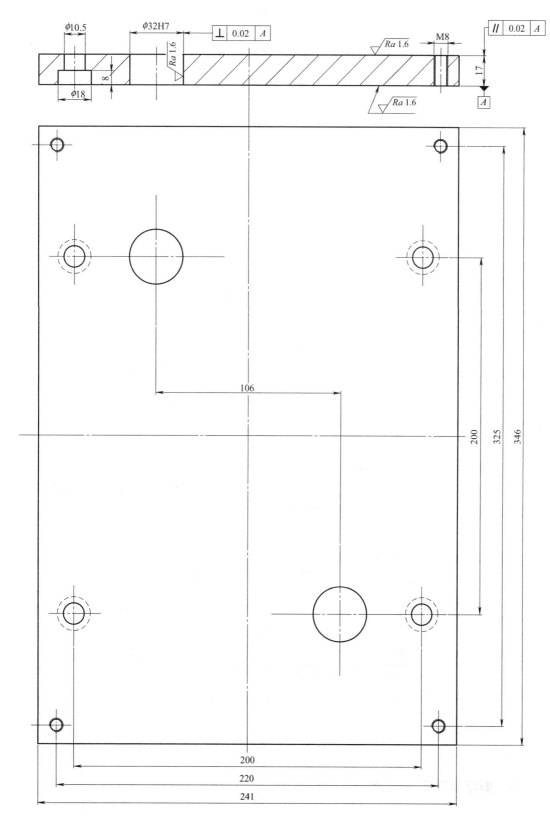

图 5-29　推板固定板

5.5.4　合模导向机构零件设计

如图 5-15 所示，合模导向机构零件拉杆导柱垫、拉杆导柱、导柱、导套Ⅰ、导套Ⅱ、导套Ⅲ、支承导柱、拉料杆、拉杆等为圆柱类零件，有一些是在标准模架里，这里仅进行导柱 11、导套Ⅰ 12 的设计，供学习参考。

（1）导柱

导柱如图 5-30 所示，未注表面粗糙度 $Ra3.2\mu m$，材料选用 20 钢，热处理（渗碳层 $0.8\sim1.2mm$，淬硬至 $58\sim62HRC$）。或选用 GCr15，热处理 $58\sim62HRC$。

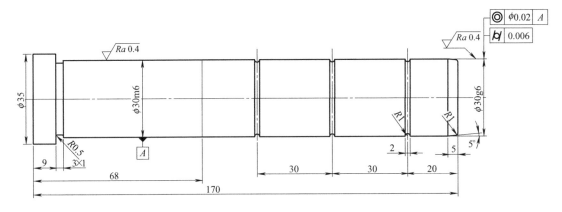

图 5-30　导柱

（2）导套

导套如图 5-31 所示，未注表面粗糙度 $Ra3.2\mu m$，未注倒角 $1\times45°$，材料选用 20 钢，热处理（渗碳层 $0.8\sim1.2mm$，淬硬至 $58\sim62HRC$）。或 GCr15，热处理 $58\sim62HRC$。

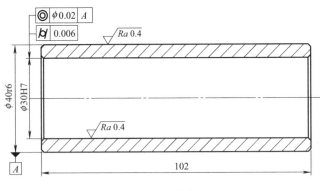

图 5-31　导套

5.5.5　模架及其零件设计

如图 5-15 所示，动模座板、定模座板、动模板（B 板）、推料板、支承板、垫板。

（1）动模座板

动模座板如图 5-32 所示，未注表面粗糙度 $Ra3.2\mu m$，材料选用 45 钢。

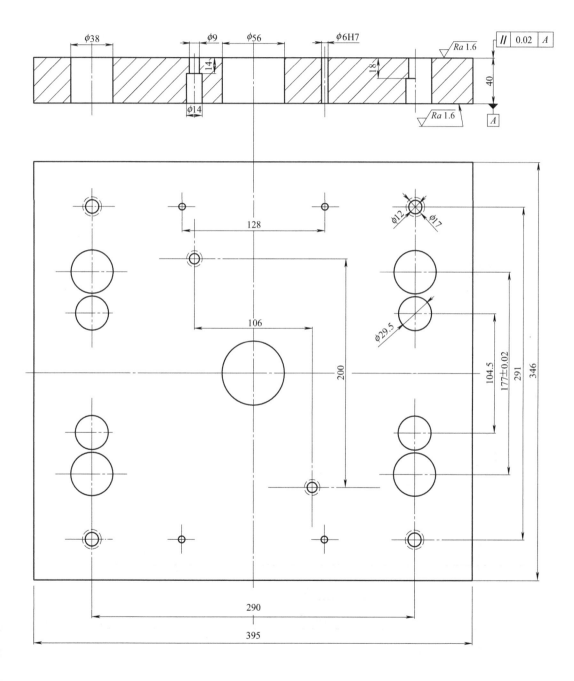

图 5-32　动模座板

(2) 定模座板

定模座板如图 5-33 所示，未注表面粗糙度 $Ra3.2\mu m$，材料选用 45 钢。

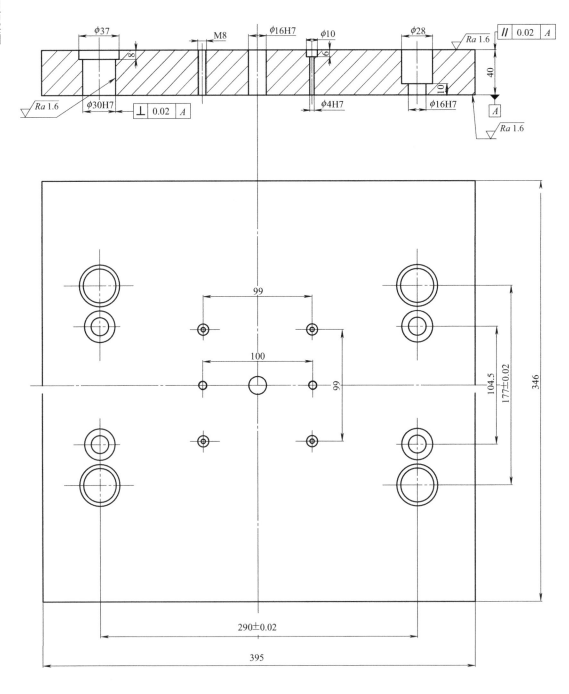

图 5-33 定模座板

(3) 动模板 (B板)

动模板 (B板) 如图 5-34 所示，未注表面粗糙度 $Ra3.2\mu m$，材料选用 45 钢。

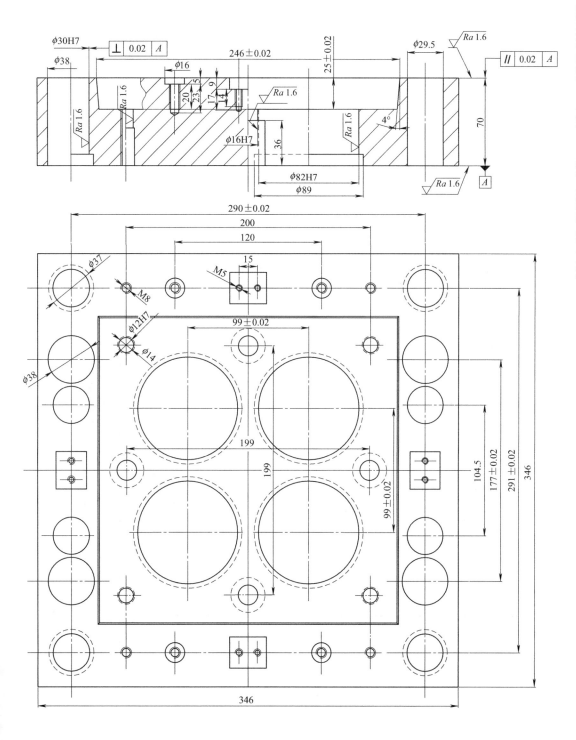

图 5-34　动模板 (B板)

（4）推料板

推料板如图 5-35 所示，未注表面粗糙度 $Ra3.2\mu m$，材料选用 45 钢。

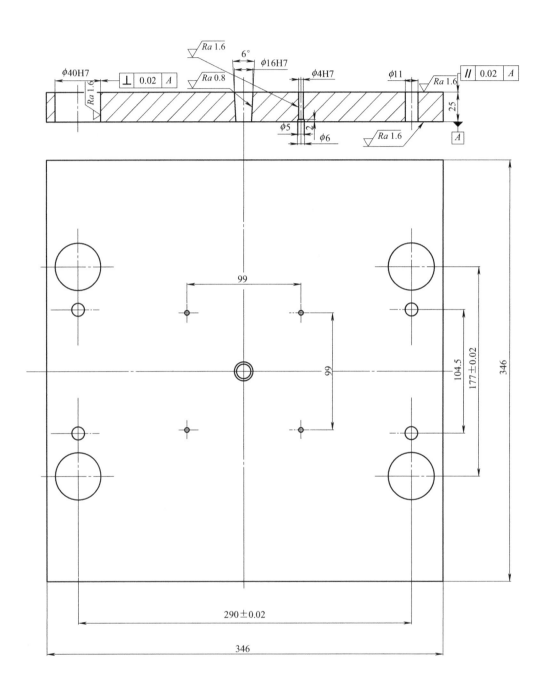

图 5-35　推料板

(5) 支承板

支承板如图 5-36 所示，未注表面粗糙度 $Ra3.2\mu m$，材料选用 45 钢。

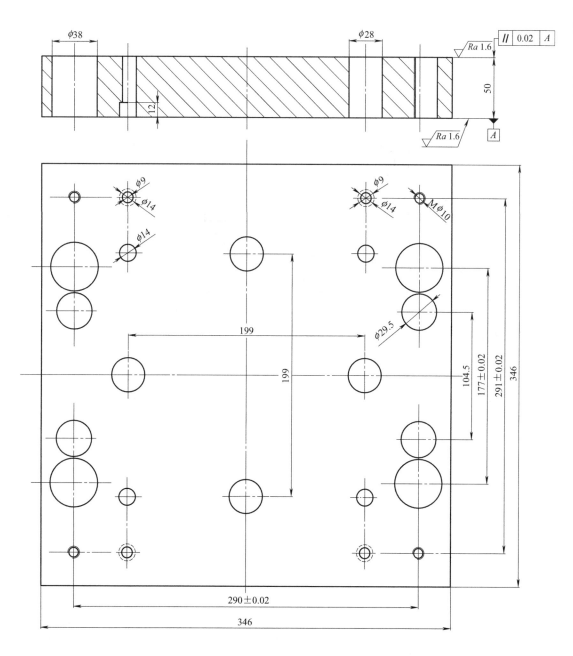

图 5-36　支承板

(6) 垫板

垫板如图 5-37 所示，未注表面粗糙度 $Ra3.2\mu m$，材料选用 45 钢。

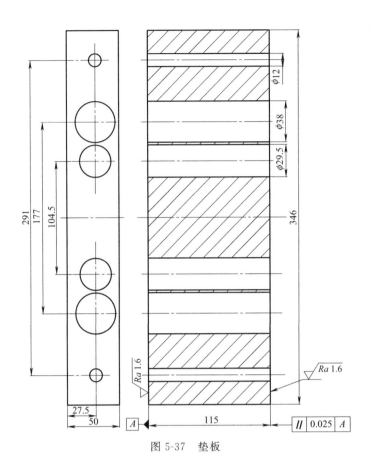

图 5-37　垫板

6.1 汽车电器插头产品图

已知：汽车电器插头如图 6-1 所示，材料为聚甲醛（POM），年产量为 80 万件。进行汽车接插件模具设计。

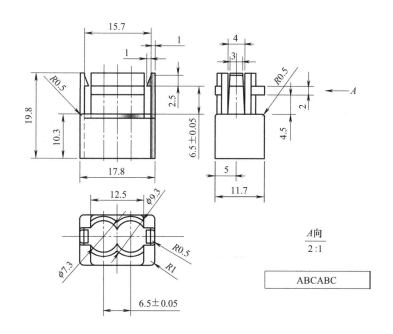

图 6-1 汽车电器插头

对汽车电器插头产品进行分析，该产品结构相对复杂，外观要求较高，跨度为 15.7mm 的 1mm 的钩爪、与汽车电器插头的另一配合件有（6.5±0.05）mm 配合，尤其 A 向 2mm 宽处刻有高 1.5mm 产品商标，成型有一定的难度，需要采用侧向分型结构，在浇口设计上可以选择侧浇口、潜伏式结构形式，本章作为学习训练，引导讲解两种模具的设计过程。

6.2 塑料模具型腔型芯尺寸的计算

在没有给定供应商具体牌号情况下，按照一般收缩率为 2%～3.5%，则：塑件平均收缩率 $S_{CP}=(2.0\%+3.5\%)/2=2.75\%$。

由于塑件产品的尺寸很多，在实际在设计塑料模具时，采用专门设计软件，根据需要在工具栏中为零件指定收缩率（$1+S$），然后点击完成即可，这里不再进行运算。

6.3 塑料模具结构选择

6.3.1 分型面的选择

由于在 A 向 2mm 宽处的台阶刻，并有高 1.5mm 产品商标，需要采用侧向分型结构，合模状态如图 6-2（a）所示，开模状态如图 6-2（b）所示。

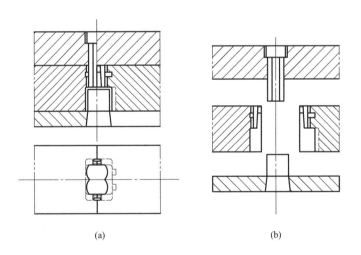

(a)   (b)

图 6-2　侧向分型结构

6.3.2 浇注系统的选择

(1) 主流道

由图 6-1 得知，汽车电器插头材料为聚甲醛（POM），质量约为 2g，在分型面上的投影面积＝30mm^2。由表 4-4、表 4-5 得，流道直径 $D=3\sim9.5$mm。选用的浇口套如图 5-4 所示，同理，由于 D 尺寸根据浇口套 L_j 的长度而定，5～6mm 都可以。

（2）侧浇口

汽车电器插头为一般要求塑件，由表4-6选择侧浇口尺寸为：厚$t=1\mathrm{mm}$，宽$b=2\mathrm{mm}$，长$l=2\mathrm{mm}$。分流道的布置形式为平衡式，侧浇口及分流道、冷料穴（拉料杆）的结构设计尺寸如图6-3所示。

（3）潜伏式浇口

潜伏式浇口及分流道、冷料穴（拉料杆）的结构设计尺寸如图6-4所示。

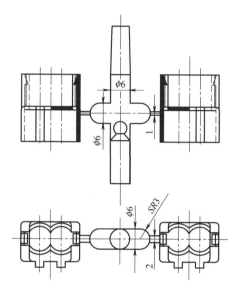

图6-3　侧浇口及分流道、
冷料穴的结构设计

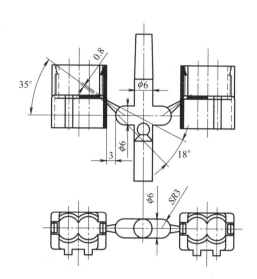

图6-4　潜伏式浇口及分流道、
冷料穴的结构设计

6.4 汽车电器插头模具的装配图设计

侧浇口与潜伏式浇口比较，潜伏式浇口开模后浇注系统凝料会自动脱落，而侧浇口需要人工用刀切削浇口，留下疤痕较大，本设计采用潜伏式浇口结构。

（1）汽车电器插头模具的装配图设计

汽车电器插头模具的装配图设计主、俯视图如图6-5所示，左视图如图6-6所示。

（2）装配图设计中的注意事项

① 模具开模后，定模板19与左侧向斜滑块12和右侧向斜滑块23打开距离H_1应大于浇注系统加上塑件的高度，斜导柱17带动左侧向斜滑块12和右侧向斜滑块23向两侧移动，移动距离H_2要保证塑件能移出滑块型腔。斜滑块定位装置如图4-54所示，斜滑块定位装置钢珠9要进入侧向斜滑块凹坑里，保证合模时，斜导柱17准确进入侧向斜滑块斜孔中，如图6-7所示。

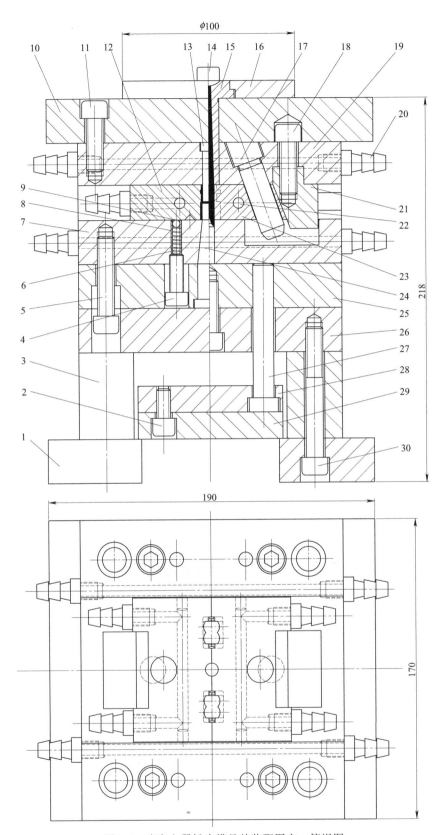

图 6-5　汽车电器插头模具的装配图主、俯视图

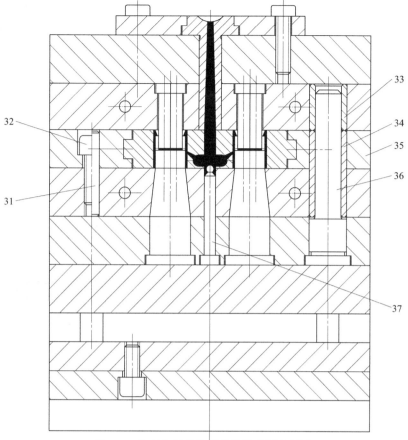

图 6-6 汽车电器插头模具的装配图左视图

1—动模座板；2,4,5,11,14,18,30,32—螺栓；3—垫块；6—弹簧；7—推件板；8—黄铜管；9—钢珠；10—定模座板；
12—左侧向斜滑块；13—上型芯；15—浇口套；16—定位环；17—斜导柱；19—定模板；20—水嘴；21—楔紧块；
22—冷却水堵；23—右侧向斜滑块；24—下型芯；25—动模板；26—支承板；27—推杆；28—推板固定板；
29—推板；31—销钉；33—导套Ⅰ；34—导套Ⅱ；35—导滑槽；36—导柱；37—拉料杆

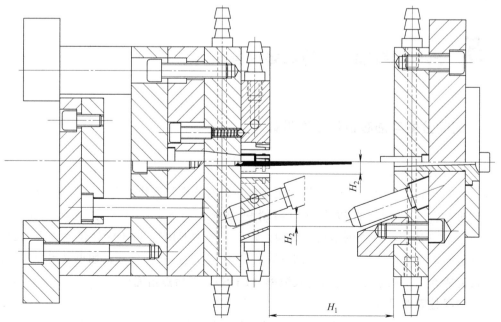

图 6-7 模具开模及侧向斜滑块移动

② 塑件顶出，如图 6-8 所示。注射机顶杆推动推件板 7，由推杆 27 带动推件板 7 顶出塑件。顶出距离 $H_3 \geqslant$ 塑件的高度，以保证塑件脱离下型芯 24。支承板 26 与推板固定板 28 之间空间距离 $\geqslant H_3$。

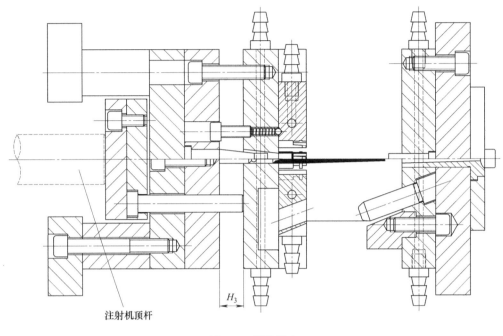

图 6-8　塑件顶出

③ 模具复位，斜导柱 17 准确进入侧向斜滑块斜孔中，带动左侧向斜滑块 12 和右侧向斜滑块 23 向中间移动，同时带动推件板 7、推杆 27、推板 29 复位。左侧向斜滑块 12 和右侧向斜滑块 23 合模后由楔紧块 21 锁紧。

6.5 汽车电器插头模具的零件图设计

6.5.1　侧向分型与抽芯机构零件设计

(1) 斜滑块零件设计

如图 6-5、图 6-6 所示，汽车电器插头模具左、右两个斜滑块组合在一起就是型腔组件，如图 6-9 所示。零件图设计以右侧向斜滑块为例，如图 6-10 所示。未注表面粗糙度 $Ra3.2\mu m$，材料选用 P20 预硬塑料模具钢，硬度 32～40HRC。由于塑件尺寸较多，成型部分尺寸（包括以下设计的零件与成型部分有关尺寸）仍按照塑件尺寸，如果采用专门设计软件，根据需要在工具栏中为零件指定收缩率（1＋S），然后点击完成即可。

(2) 斜导柱零件设计

斜导柱零件设计如图 6-11 所示，采用 T10A，热处理硬度 56～60HRC。

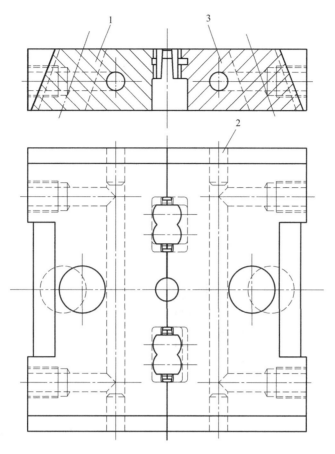

图 6-9 型腔组件

1—左侧向斜滑块；2—冷却水堵；3—右侧向斜滑块

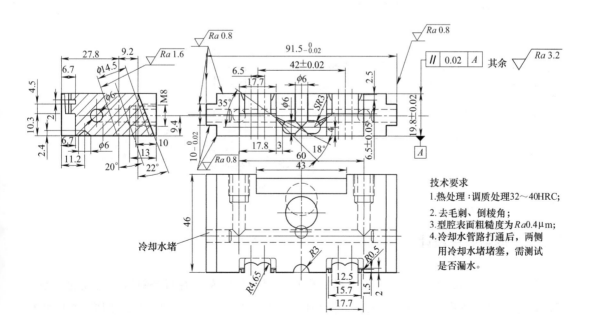

技术要求

1.热处理：调质处理32~40HRC；

2.去毛刺、倒棱角；

3.型腔表面粗糙度为Ra0.4μm；

4.冷却水管路打通后，两侧
用冷却水堵堵塞，需测试
是否漏水。

图 6-10 右侧向斜滑块

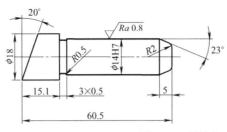

图 6-11　斜导柱

（3）楔紧块零件设计

楔紧块零件设计如图 6-12 所示，材料选用 T10A，热处理硬度 52～56HRC。

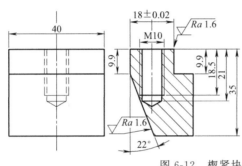

图 6-12　楔紧块

（4）导滑槽零件设计

导滑槽零件设计如图 6-13 所示，材料选用 45 钢，调质处理 28～32HRC。

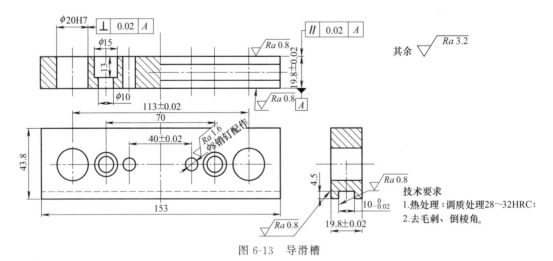

图 6-13　导滑槽

6.5.2　成型零件设计

如图 6-5、图 6-6 所示，汽车电器插头模具的型腔是由左、右两个斜滑块组成的，型芯零件设计分为上型芯、下型芯。其零件图如图 6-14、图 6-15 所示。材料选用 P20 预硬塑料模具钢，硬度 32～40HRC。成型部分尺寸没加收缩率，仍按照塑件尺寸。

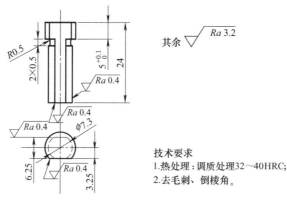

其余 $\sqrt{Ra\,3.2}$

技术要求
1.热处理：调质处理32～40HRC；
2.去毛刺、倒棱角。

图 6-14　上型芯

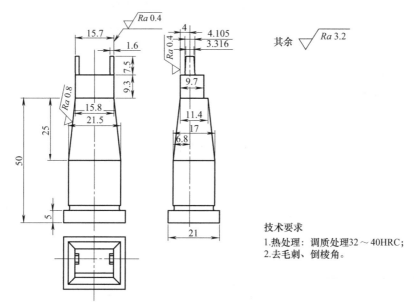

其余 $\sqrt{Ra\,3.2}$

技术要求
1.热处理：调质处理32～40HRC；
2.去毛刺、倒棱角。

图 6-15　下型芯

6.5.3　推出机构零件设计

如图 6-5、图 6-6 所示，汽车电器插头模具的推出机构零件有推件板、推杆、推板固定板、推板、拉料杆。选择推件板作为练习设计，如图 6-16 所示，材料选用 P20 预硬塑料模具钢，硬度 32～40HRC。

6.5.4　模架及其零件设计

如图 6-6 所示，汽车电器插头模具的模架及其零件有定模板、定模座板、动模板、动模座板、支承板、垫块，选择定模板、定模座板、动模板、支承板作为练习设计，如图 6-17、图 6-18、图 6-19、图 6-20 所示。材料选用 45 钢，调质处理 230～270HB。

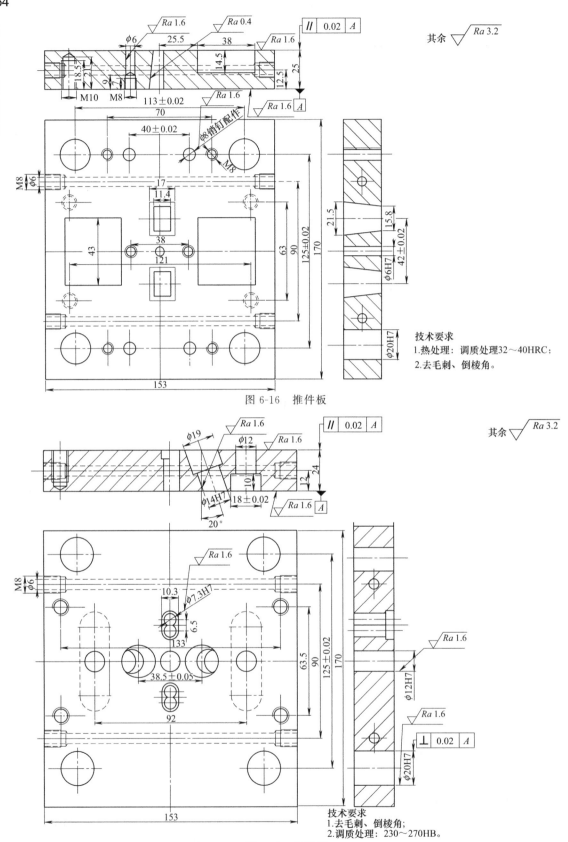

图 6-16　推件板

技术要求
1.热处理：调质处理32～40HRC；
2.去毛刺、倒棱角。

技术要求
1.去毛刺、倒棱角；
2.调质处理：230～270HB。

图 6-17　定模板

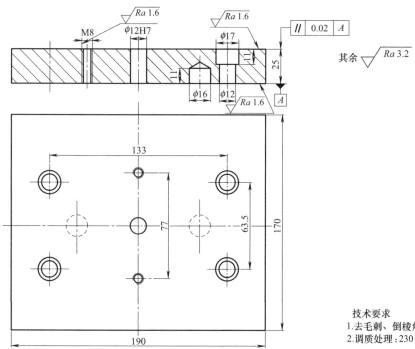

图 6-18　定模座板

技术要求
1.去毛刺、倒棱角；
2.调质处理：230～270HB。

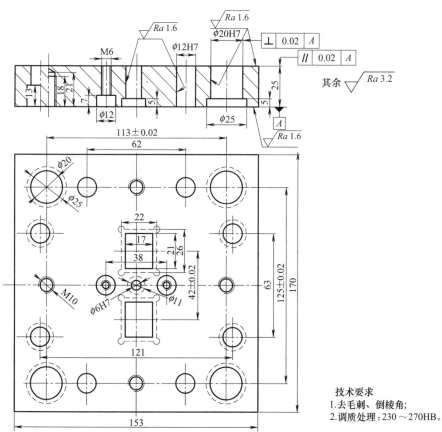

技术要求
1.去毛刺、倒棱角；
2.调质处理：230～270HB。

图 6-19　动模板

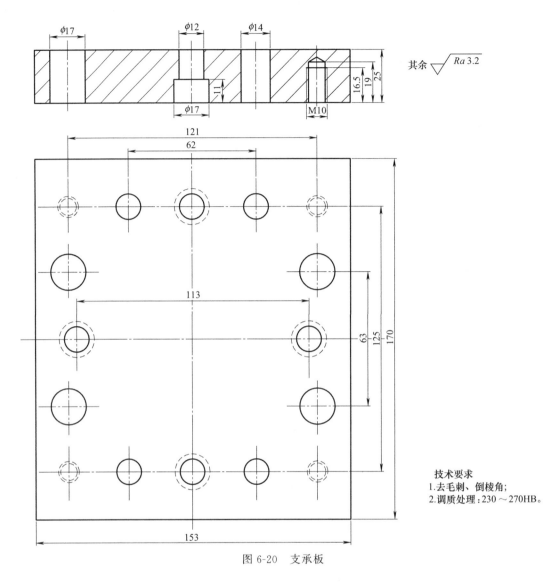

图 6-20　支承板

　　汽车电器插头模具浇注系统零件、合模导向机构零件的设计可参考第五章塑料水杯塑料模具设计实例，本章不再进行设计练习。

参 考 文 献

[1]   贾铁钢，朱宇. 冲压模具设计与制造 [M]. 北京：北京交通大学出版社，2014.

[2]   贾铁钢. 冷冲压模设计与制造 [M]. 北京：机械工业出版社，2009.

[3]   贾铁钢. 洗衣机行星减速器太阳轮注射模具设计 [J]. 模具工业，2011，(7)：37-39.

[4]   贾铁钢. 底板级进模改进设计 [J]. 模具制造，2010，(10)：17-20.

[5]   贾铁钢. 塑料齿轮注射模结构设计 [J]. 模具制造，2012，(7)：62-64.

[6]   徐政坤. 冲压模具设计与制造 [M]. 北京：化学工业出版社，2009.

[7]   张维合. 注塑模具设计实用手册 [M]. 北京：化学工业出版社，2011.

[8]   张维合. 注塑模具设计经验技巧与实例 [M]. 北京：化学工业出版社，2015.

[9]   周应国. 注射模具浇注系统设计及案例分析 [M]. 北京：化学工业出版社，2014.

[10]   宋满仓. 冲压模具设计 [M]. 北京：电子工业出版社，2010.

[11]   成虹. 冲压工艺与模具设计 [M]. 北京：高等教育出版社，2002.

[12]   屈华昌，张俊. 塑料成型工艺与模具设计 [M]. 北京：机械工业出版社，2018.

[13]   王鹏驹，张杰. 塑料模具设计师手册 [M]. 北京：机械工业出版社，2008.

[14]   冯爱新. 塑料模具工程师手册 [M]. 北京：机械工业出版社，2009.

[15]   模具设计浩风老师. 浅谈冲裁间隙对产品尺寸精度、模具使用寿命的影响 [EB/OL]. [2020-3-25].
       https：//zhuanlan.zhihu.com/p/116919518.html.